# ÁGUA
## Pacto Azul

# ÁGUA
## Pacto Azul

a crise global da água e a batalha pelo controle da água potável no mundo

Maude Barlow

M. Books do Brasil Editora Ltda.
Rua Jorge Americano, 61 - Alto da Lapa
05083-130 - São Paulo - SP - Telefones: (11) 3645-0409/(11) 3645-0410
Fax: (11) 3832-0335 - e-mail: vendas@mbooks.com.br
www.mbooks.com.br

**Dados de Catalogação na Publicação**

Barlow, Maude
Água, Pacto Azul. A Crise Global da Água e a Batalha pelo Controle da Água Potável no Mundo / Maude Barlow
2009 – São Paulo – M.Books do Brasil Editora Ltda.
ISBN: 978-85-7680-068-2

1. Meio Ambiente Político-Econômico 2. Ecologia 3. Administração
4. Política e Economia Internacional

Do original: Blue Covenant – The Global Water Crisis and the
Coming Battle for the Right to Water
©2007 by Maude Barlow
©2009 by M.Books do Brasil Editora Ltda.
Original em inglês publicado por The New Press

**EDITOR**
MILTON MIRA DE ASSUMPÇÃO FILHO

**Tradução**
Cláudia Mello Belhassof

**Produção Editorial**
Lucimara Leal

**Coordenação Gráfica**
Silas Camargo

**Editoração e Capa**
Crontec

2009
Proibida a reprodução total ou parcial.
Os infratores serão punidos na forma da lei.
Direitos exclusivos cedidos à
M.Books do Brasil Editora Ltda.

*A todos os guerreiros da água. Vocês me surpreendem.*

A regra de nenhum reino é minha. [...] Mas todas as coisas de valor que correm perigo no mundo como ele agora se apresenta, essas são as minhas preocupações. E, de minha parte, não terei fracassado inteiramente em minha missão, [...] se alguma coisa atravessar esta noite e ainda puder crescer bela ou gerar frutos e flores de novo nos dias vindouros. Porque também sou protetor da natureza. Você não sabia?

J.R.R. Tolkien

# Sumário

| | |
|---|---|
| Agradecimentos | 11 |
| Introdução | 13 |

Capítulo 1
**Para onde Foi toda a Água?** 15

Capítulo 2
**Armando o Cenário para o Controle Corporativo da Água** 46

Capítulo 3
**Os Caçadores de Água Entram no Jogo** 78

Capítulo 4
**Os Guerreiros da Água Contra-atacam** 110

Capítulo 5
**O Futuro da Água** 147

| | |
|---|---|
| Fontes e Leituras Adicionais | 180 |
| Índice Remissivo | 188 |

# Agradecimentos

Ao escrever este livro, muitas pessoas foram incrivelmente úteis para mim, e por isso é difícil nomeá-las todas aqui. Faço referência a elas no corpo do livro ou na seção Fontes e Leituras Adicionais, no final do livro. Agradeço, de todo coração, aos muitos ativistas, acadêmicos e amigos no movimento global pela justiça da água que me deram informações e conselhos e me falaram de excelentes pesquisas e histórias importantes.

Gostaria de agradecer especialmente a todas as pessoas admiráveis com quem trabalho no Council of Canadians e no Blue Planet Project e que compartilham minha paixão por esse trabalho no cotidiano. Em especial, Anil Naidoo, Susan Howatt, Steven Shrybman, Melanie O'Dell, Meera Karunananthan, Brent Patterson, Brant Thompson, Stuart Trew e Wenonah Hauter apoiaram imensamente este projeto.

Da mesma forma, gostaria de reconhecer e agradecer ao Canada Council for the Arts, por seu apoio generoso a este livro, e à Lannan Foundation, que me honrou com o prêmio Cultural Freedom Fellowship 2005/06 e com uma contribuição generosa para meu trabalho contínuo.

Fui duplamente abençoada com os editores Joel Ariaratnam, da The New Press, e Susan Renouf, da McClelland & Stewart, que amaram o livro desde o início e o tornaram infinitamente melhor do que eu poderia ter feito sozinha. Também agradeço a Heather Sangster, minha revisora, e a Elizabeth Kribs, da McClelland & Stewart, que tomaram conta deste livro com um cronograma absurdamente apertado.

Por fim, agradeço a meu marido, Andrew, que oferece um suporte sem fim para meu trabalho e minha paixão pelo direito à água. Ele e nossos netos, Maddy, Ellie, Angus e Max, me mantêm com os pés no chão e me dão esperança.

# Introdução

*"A água também pode ser boa para o coração..."*

Antoine de Saint-Exupéry, em *O Pequeno Príncipe*

"De repente, está tudo tão claro: o mundo está ficando sem água doce." Essas foram as palavras de abertura de meu livro de 2002, *Ouro Azul: Como as Grandes Corporações Estão se Apoderando da Água Doce no Planeta* (co-escrito com Tony Clarke), alertando que estava se formando uma disputa poderosa pelos minguantes suprimentos de água doce do mundo. A água se tornaria o petróleo do século XXI, escrevemos, e um "cartel da água" se desenvolveria para tentar reivindicar os recursos de água doce do mundo para obter lucro. Isso levaria a um retrocesso nas comunidades de todo o mundo, nós previmos, bem como o crescimento de um novo movimento para reivindicar a água como parte dos bens comuns globais.

Nos cinco anos desde que *Ouro Azul* foi publicado pela primeira vez, essa disputa se expandiu violentamente. Em um dos lados estão os poderosos interesses privados, as corporações transnacionais de água e alimentos, a maioria dos governos do Primeiro Mundo e a maioria das instituições internacionais — incluindo o Banco Mundial, o Fundo Monetário Internacional, a Organização Mundial do Comércio, o World Water Council e partes da Organização das Nações Unidas (ONU). Para essas forças, a água é uma commodity a ser vendida e comercializada no mercado aberto. Elas estabeleceram uma infra-estrutura elaborada para promover o controle privado da água e trabalham bem de perto umas com as outras. A história delas é contada aqui.

Do outro lado, está um grande movimento global pela justiça da água, composto por ambientalistas, ativistas de direitos humanos, grupos indígenas e femininos, pequenos agricultores, camponeses e milhares de comunidades da sociedade civil lutando pelo controle de suas fontes locais de água. Os membros desse movimento acreditam que a água é uma herança comum a todos os seres humanos e outras espécies, além de um bem público que não deve ser apropriado com o objetivo de se obter lucro pessoal ou negado às pessoas que não possam pagar por ela. Embora eles não tenham a influência financeira do cartel da água, esses grupos se encontraram devido a um networking inovador e se tornaram uma formidável força política no cenário global. A história deles também será contada aqui.

Inundado por vários sucessos recentes importantes, o movimento global pela justiça da água agora chegou a um objetivo comum: fazer com que a água seja declarada, de uma vez por todas, um direito humano, e fazer com que esse reconhecimento seja sagrado em todos os níveis do governo, desde leis locais até constituições federais e um pacto abrangente da ONU. O fato de a água não ser, no momento atual, um direito humano reconhecido tem permitido que as tomadas de decisões sobre as políticas da água deixem de ser responsabilidade da ONU e passe para instituições globais e interesses privados que favorecem as grandes empresas de água e sua commoditização da água do mundo. Isso deixou incontáveis milhões de pessoas sem base jurídica ou moral sobre a qual fundamentar a reivindicação de que elas têm direito a ter água suficiente para viver. Dito de modo simples: a vida exige acesso à água limpa; negar o direito à água é o mesmo que negar o direito à vida. A luta pelo direito à água é uma idéia oportuna. Ela se tornou o grito de convocação do movimento pela justiça da água. Essa história, que de maneira alguma chegou ao fim, também é narrada nestas páginas.

Uma observação pessoal: tenho o privilégio de ser parte integrante dessa incrível luta, que me levou a todos os continentes e a comunidades remotas e, muitas vezes, pobres e sem dignidade em todo o mundo. Ela também me levou ao fundo de instituições globais e dos salões do poder, onde eu, junto com muitas outras pessoas, confrontei os esforços determinados do cartel da água para controlar as políticas globais da água por muito tempo no futuro.

Essas jornadas significaram muito para mim. Eu as ofereço a você aqui na esperança de que elas o impulsionem e o inspirem a se tornar um guerreiro da água conosco.

Capítulo 1

# Para Onde Foi Toda a Água?

*As Leis da Ecologia*

*Tudo está conectado a tudo. Tudo vai para algum lugar. Nada é de graça. A Natureza sabe o que é melhor.*

Ernest Callenbach

Três cenários conspiram em direção à calamidade.

*Cenário um*: O mundo está ficando sem água doce. Não é apenas uma questão de encontrar dinheiro para salvar os dois bilhões de pessoas que moram em regiões do mundo que apresentam estresse hídrico. A humanidade está poluindo, desviando e esgotando as fontes finitas de água da Terra, em um ritmo perigoso que aumenta constantemente. O uso excessivo e o deslocamento da água são o equivalente, em terra, às emissões de gases de efeito estufa e, provavelmente, uma das causas mais importantes da mudança climática.

*Cenário dois*: A cada dia, mais e mais pessoas estão vivendo sem acesso à água limpa. À medida que a crise ecológica se aprofunda, a crise humana também o faz. O número de crianças mortas devido à água suja supera o de mortes por guerra, malária, AIDS e acidentes de trânsito. A crise global da água se tornou um símbolo muito poderoso da crescente desigualdade no mundo. Enquanto os ricos bebem água de alto nível de qualidade sempre que desejam, milhares de pessoas pobres têm acesso apenas à água contaminada de rios e de poços locais.

*Cenário três*: Um poderoso cartel corporativo da água surgiu para assumir o controle de todos os aspectos da água a fim de obter lucro em benefício próprio. As corporações fornecem água para beber e recolhem a água residual; colocam enormes quantidades de água em garrafas plásticas e nos vendem a preços exorbitantes; as corporações estão desenvolvendo tecnologias novas e sofisticadas para reciclar nossa água suja e vendê-la de volta para nós; elas extraem e movimentam a água através de enormes dutos, retirando-a de bacias hidrográficas e aqüíferos com o objetivo de

16  Água, Pacto Azul

vendê-la para grandes cidades e indústrias; as corporações compram, armazenam e vendem água no mercado aberto, como se fosse um novo modelo de tênis de corrida. E o mais importante: as corporações querem que os governos desregulamentem o setor hídrico e permitam que o mercado estabeleça uma política para a água. A cada dia, elas se aproximam mais desse objetivo. O *cenário três* aprofunda as crises que agora se revelam nos *cenários um* e *dois*.

Imagine um mundo, daqui a vinte anos, em que nenhum progresso substancial tenha sido feito para fornecer serviços básicos de água para o Terceiro Mundo; ou para criar leis de proteção à água de fonte e que obriguem a indústria e a agricultura industrial a pararem de poluir os sistemas hídricos; ou para conter a movimentação maciça de água por dutos, navios-tanques e outras formas de desvio, o que terá criado enormes faixas novas de deserto.

As usinas de dessalinização circundarão os oceanos do planeta, muitas delas movidas a energia nuclear; a nanotecnologia controlada por corporações limpará a água de esgoto e a venderá para concessionárias privadas, que, por sua vez, a venderão de volta para nós com um lucro absurdo; os ricos só beberão água engarrafada encontrada nas poucas regiões não contaminadas do mundo ou retirada de nuvens por equipamentos controlados por corporações, enquanto os pobres morrerão cada vez mais por falta de água.

Isso não é ficção científica. É para lá que o mundo está se dirigindo, a menos que mudemos o curso — uma obrigação moral e ecológica. Mas, primeiro, devemos entender melhor a dimensão da crise.

## Estamos Ficando Sem Água Doce

Nos primeiros sete anos do novo milênio, foram publicados mais estudos, relatórios e livros sobre a crise global da água do que em todo o século que o precedeu. Quase todos os países realizaram pesquisas para averiguar a saúde de sua água e as ameaças a seus sistemas aquáticos. As universidades de todo o mundo estão criando departamentos ou disciplinas multidepartamentais para estudar os efeitos da escassez de água. Dezenas de livros foram escritos sobre todos os aspectos da crise. O WorldWatch Institute declarou: "A escassez de água pode ser o desafio ambiental global menos valorizado de nossa época".

A partir dessas descobertas substanciais e recentes, o veredicto irrefutável é: o mundo está enfrentando uma crise hídrica devido à poluição, à mudança climática e a uma onda de crescimento populacional de tamanha magnitude que quase dois bilhões de pessoas agora vivem em regiões do planeta que apresentam estresse hídrico. Além disso, a menos que alteremos nossos caminhos, até o ano de 2025, dois terços na população mundial enfrentarão a escassez de água. A população global triplicou no século XX, mas o consumo de água aumentou sete vezes. Em 2050, depois que adicionarmos mais três bilhões de indivíduos à população, os seres humanos precisarão de um aumento de 80% nos suprimentos de água apenas para a alimentação. Ninguém sabe de onde essa água virá.

Os cientistas chamam de "manchas quentes" — as partes da Terra que estão ficando sem água potável. Incluem o norte da China, grandes áreas da Ásia e da África, o Oriente Médio, a Austrália, o centro-oeste dos Estados Unidos e algumas regiões da América do Sul e do México.

Os piores exemplos em termos do efeito sobre as pessoas são, evidentemente, as áreas do mundo com grandes populações e recursos insuficientes para oferecer saneamento básico. Dois quintos da população mundial não têm acesso ao saneamento básico, o que tem levado a epidemias em massa de doenças transmissíveis pela água. Metade dos leitos de hospitais do mundo está ocupada por pessoas com doenças propagadas pela água, de fácil prevenção, e a Organização Mundial da Saúde (OMS) relata que a água contaminada é uma das causas de 80% de todas as enfermidades e doenças em todo o mundo. Na última década, o número de crianças mortas por diarréia ultrapassou o número de pessoas mortas em todos os conflitos armados desde a Segunda Guerra Mundial. A cada oito segundos, uma criança morre por beber água suja.

Alguns países mais ricos estão apenas começando a entender a profundidade de sua própria crise, porque adotaram um modelo de crescimento ilimitado do consumo com base em práticas industriais, comerciais e agrícolas que desperdiçam recursos hídricos preciosos e insubstituíveis. A Austrália, o continente mais seco da Terra, está enfrentando uma grave escassez de água em todas suas grandes cidades, bem como uma seca generalizada nas áreas rurais. O nível de chuva anual está diminuindo; a salinidade e a desertificação estão se espalhando rapidamente; os rios estão sendo drenados em um ritmo insustentável; e mais de um quarto de todas as áreas de proteção de águas de superfície agora ultrapassa os limites sustentáveis. A mudança climática está acelerando a seca e gerando estranhas tempestades e padrões climáticos bem no momento em que a previsão é de que a população aumente drasticamente nos próximos vinte anos. (Ironicamente, isso acontece, em parte, para acolher os refugiados da mudança climática, como os habitantes das Ilhas Salomão, que perderão suas terras devido ao aumento do nível do mar.)

Muitas regiões dos Estados Unidos também estão passando por uma grave escassez de água. A pressão sobre os governadores das regiões dos Grandes Lagos está aumentando para que eles liberem o acesso aos lagos para as megacidades em expansão ao redor da bacia. Em 2007, o Lago Superior, o maior lago de água doce do mundo, chegou ao nível mais baixo em 80 anos, e a água recuou mais de 15 metros da margem. A Flórida está com problemas. A crescente população do estado, com um influxo líquido de 1.060 pessoas por dia, depende quase totalmente das reduzidas fontes de água subterrânea para abastecer seus suprimentos de água. Para manter o verde de seus gramados e campos de golfe em rápida expansão, o Estado do Sol está sugando a água subterrânea em um ritmo tal que criou milhares de sumidouros que devoram tudo — casas, carros e shoppings centers— que tiver a infelicidade de ser construído sobre eles. A Califórnia tem um suprimento de água doce para vinte anos. O Novo México tem um suprimento para apenas dez anos. O Arizona está sem água: o estado agora importa toda a água potável que consome. O Lago Powell, a reserva construída por seres humanos para o suprimento de água no oeste, perdeu 60% de sua água. Um importante estudo de junho de 2004, feito pela National Academy of Sciences e pelo U.S. Geological Survey descobriu que o árido Oeste Interior provavelmente está no nível mais seco dos últimos 500 anos. Assim como na Austrália, os políticos americanos ansiosos falam sobre a "seca" como se fosse uma situação cíclica, que se resolverá por si mesma. Mas os cientistas e defensores da água do centro-oeste e do sudoeste americano estão dizendo que é mais do que uma seca: grandes partes dos Estados Unidos estão ficando sem água. Na verdade, a Agência de Proteção Ambiental (EPA) alerta que, se o uso atual da água continuar descontrolado, 36 estados sofrerão escassez de água nos próximos cinco anos.

Devido à riqueza desses países, a maior parte de suas populações ainda não está sofrendo com a escassez de água. Isso não acontece com os habitantes do hemisfério sul — daí o termo *apartheid da água*. Os pobres do mundo que estão vivendo sem água encontram-se em áreas que não têm água suficiente desde o início (África), onde a água da superfície se tornou intensamente poluída (América do Sul, Índia) ou ambos (norte da China). A maioria das megacidades do mundo — aquelas com dez milhões de habitantes ou mais — está em regiões que apresentam estresse hídrico. Isso inclui Cidade do México, Calcutá, Cairo, Jakarta, Karachi, Pequim, Lagos e Manila.

Em 2006, o número de habitantes urbanos ultrapassou o número de habitantes rurais pela primeira vez na história. As populações urbanas do Terceiro Mundo estão crescendo exponencialmente, criando enormes favelas sem serviços hídricos. Na última década, o número de habitantes urbanos sem acesso confiável à água limpa aumentou em mais de 60 milhões. Até 2030, diz a ONU, mais da metade da população desses gigantescos centros urbanos será de moradores de favelas sem nenhum acesso a serviços hídricos ou saneamento. Um relatório citou o exemplo atual de uma área em Bombai, onde cada vaso sanitário atende a 5.440 pessoas.

Não é de surpreender que haja um enorme abismo entre o uso de água no Primeiro Mundo e no Terceiro Mundo. O ser humano precisa de 50 litros de água por dia para beber, cozinhar e fazer sua higiene. O americano comum usa quase 600 litros por dia. O habitante comum da África usa 6 litros por dia. Um bebê recém-nascido no hemisfério norte consome entre 40 e 60 vezes mais água que um bebê no hemisfério sul.

Essas terríveis disparidades criaram, justificadamente, uma demanda por maior igualdade na questão da água e um compromisso de se fornecer água para 1,4 bilhões de pessoas que atualmente vivem sem ela. Os Objetivos de Desenvolvimento do Milênio da ONU incluem reduzir pela metade a proporção de pessoas que vivem sem água potável não contaminada até 2015. Embora louvável, essa iniciativa está fracassando não apenas porque a ONU tem trabalhado com o Banco Mundial para promover um modelo defeituoso para a proteção da água (veja o Capítulo 2), mas também porque a organização pressupõe que existe água suficiente para todos, sem pensar seriamente na poluição em massa das águas de superfície e o conseqüente excesso de mineração dos suprimentos de água subterrânea.

## Nossas Águas de Superfície Estão Poluídas

Todos nós aprendemos algumas informações básicas sobre o ciclo hidrológico da Terra na escola. Aprendemos que existe uma quantidade finita de água doce disponível no planeta e que ela passa por um ciclo que garante seu retorno seguro para nós, de modo que possamos usá-la perpetuamente. No ciclo hidrológico, o vapor de água se condensa para formar nuvens. Os ventos transportam as nuvens por todo o planeta, espalhando o vapor d'água. Quando as nuvens não conseguem agüentar a umidade, liberam-na em forma de chuva ou neve, que penetra no solo para reabastecer a água subterrânea ou escoa para lagos, riachos e rios. (Essa é a água — menos de 0,5% de toda a água na Terra — disponível para uso humano que não esgota os estoques hídricos.) Enquanto esses processos estão acontecendo, a energia do sol está causando a evaporação, transformando a água líquida em vapor para renovar o ciclo. Cerca de 400 bilhões de litros de água passam por esse processo todo ano. Nesse cenário, o planeta "jamais" ficaria sem água.

Mas esse ciclo, que acontece há tantos milênios, não levou em consideração a capacidade coletiva dos seres humanos modernos de causar a destruição. Nos últimos 50 anos, a espécie humana poluiu as águas de superfície em um ritmo alarmante e acelerado. O mundo pode não estar exatamente ficando sem água, mas está ficando sem água limpa. Noventa por cento da água residual produzida no Terceiro Mundo é lançada, sem tratamento, em rios, riachos e águas costeiras locais. Além disso, os seres humanos agora estão usando mais da metade da água de escoamento acessível, deixando pouco para o ecossistema ou outras espécies.

Na China, 80% dos principais rios estão tão degenerados que não suportam mais a vida aquática, e 90% de todo o sistema de água subterrânea sob as principais cidades estão contaminados. Atualmente, a China abriga sete das dez cidades mais poluídas do mundo. A Organização Mundial da Saúde relata que 700 milhões das 1,3 bilhões de pessoas na China bebem uma água que nem sequer atende aos padrões mínimos de segurança estabelecidos pelo órgão mundial. No final de 2006, o governo chinês relatou, em uma rara admissão de fracasso, que, como resultado da poluição em massa, mais de dois terços das cidades chinesas enfrentam escassez de água, sendo que pelo menos cem delas enfrentam o esgotamento imediato. Quarenta e cinco bilhões de toneladas (cerca de 41 trilhões de quilos) de água residual sem tratamento são lançadas diretamente em lagos e rios todo ano, de acordo com um artigo recente do *China Daily*.

Esse cenário se repete em muitas partes da Ásia. Uma pesquisa nacional de 2005, no Paquistão, revelou que menos de 25% da população tem acesso à água potável limpa devido à poluição em massa das águas de superfície do país. O Indonesian Environment Monitor registra que o país tem uma das taxas de saneamento básico mais baixas do mundo. Menos de 3% dos residentes de Jakarta estão conectados a uma galeria de esgoto, o que leva à grave poluição de rios e lagos na redondeza e à contaminação de 90% dos poços rasos da cidade. Quase 65% da água subterrânea de Bangladesh está contaminada, com pelo menos 1,2 milhões de residentes expostos ao envenenamento por arsênico.

Setenta e cinco por cento dos rios e lagos da Índia estão tão poluídos que não deveriam ser usados para consumo ou para banhos. Mais de 700 milhões de indianos — dois terços da população — não têm saneamento básico adequado, e 2,1 milhões de crianças indianas com menos de cinco anos morrem todo ano por problemas causados pela água suja. O famoso Rio Yamuna está clinicamente morto, assassinado ao passar pelos conjuntos de favelas de Nova Déli. As costas de Bombai, Madras e Calcutá estão pútridas. O sagrado Rio Ganges, aonde milhares de pessoas vão para rezar, é um esgoto a céu aberto. Muitos adoradores indianos boicotaram os festivais religiosos de 2007, nos quais milhares de pessoas mergulham no Ganges para lavar seus pecados. Um estudo feito pelo governo indiano chamou a situação da Índia de "uma inigualável crise da água". Além desse cenário de poluição e escassez, a expectativa é que a demanda urbana de água na Índia duplique até 2025, e a demanda industrial de água triplique.

As estatísticas para a Rússia são assustadoramente semelhantes. A Biblioteca do Congresso dos Estados Unidos relata a poluição da água na Rússia — um fenômeno pouco registrado na própria Rússia. Setenta e cinco por cento da água de superfície no território russo estão poluídas, e aproximadamente 30% da água subterrânea disponível para uso está muito poluída. Muitos rios são portadores de contaminantes transportados pela água, e 60% dos residentes rurais estão bebendo água de poços contaminados.

A reserva subterrânea do Aqüífero Mountain é a mais importante fonte de água para israelenses e palestinos, fornecendo mais água de boa qualidade ao ano do que qualquer fonte entre o Mar Mediterrâneo e o Rio Jordão. Mas, segundo relatórios do órgão Friends of the Earth Middle East, o esgoto de mais de dois milhões de pessoas que vivem acima do aqüífero é lançado sem tratamento em riachos e outras fontes naturais de água que penetram na água subterrânea. Isso representa um volume de quase 61 milhões de metros cúbicos ao ano.

De acordo com a Comissão Européia, 20% de toda a água de superfície da Europa está seriamente ameaçada, e a ONU acrescenta que apenas cinco dos 55 principais rios da Europa podem ser considerados "puros" atualmente. A água da Bélgica é destacada como especialmente ruim, devido ao alto nível de poluição gerada pela indústria. Os rios Reno, Sarno e Danúbio estão todos ameaçados. Secas recentes e regulares deixaram os líderes europeus muito preocupados com a disponibilidade de água. O sul da Espanha, o sudeste da Inglaterra, o oeste e o sul da França são vistos como cronicamente vulneráveis, enquanto a preocupação está crescendo em Portugal, na Itália e na Grécia. Em maio de 2007, foi declarado estado de emergência nas regiões norte e central da Itália, pois o maior rio do país, o Pó, secou, destruindo o Vale do Rio Pó, onde um terço dos alimentos do país era cultivado. Em vários desses países, as reservas estão no nível mais baixo em toda a história conhecida.

Quarenta por cento dos rios e riachos dos Estados Unidos são considerados perigosos demais para pescar, nadar ou beber, assim como 46% dos lagos, devido ao escoamento tóxico das agroindústrias, intensas operações de criação de animais e mais de 450 milhões de quilos de agrotóxicos industriais usados em todo o país a cada ano. Dois terços dos estuários e baías dos Estados Unidos estão moderada ou gravemente degenerados. O Rio Mississippi transporta cerca de 1,5 milhão de toneladas métricas de poluição por nitrogênio para o Golfo do México anualmente. Todo ano, um quarto das praias dos Estados Unidos ficam em estado de alerta ou fechadas devido à poluição da água. O governo americano se recusa a proibir o uso do herbicida Atrazina, um desregulador endócrino vetado em muitos países do mundo e amplamente vinculado ao câncer. No Canadá, mais de um trilhão de litros de esgoto não tratado é lançado em hidrovias a cada ano, um volume que poderia cobrir toda a Estrada TransCanadá, com comprimento de 7.800 quilômetros, a uma altura de seis andares.

Na América Latina e no Caribe, mais de 130 milhões de pessoas não têm água potável não-contaminada, e apenas 86 milhões (dos 550 milhões) estão conectados a sistemas de saneamento básico adequado. Setenta e cinco por cento da população sofre de desidratação crônica devido à má qualidade da água. Os níveis básicos de água potável e saneamento estão fora do alcance de um terço dos habitantes urbanos do Peru e dois terços da população rural do país. Cidades importantes, como a Cidade do México e São Paulo, estão enfrentando a dupla ameaça do excesso de consumo de água e da contaminação em massa. Menos de 10% da água residual da Cidade do México é reciclada, em uma cidade com mais de 20 milhões de pessoas. E esse valor está acima da média: cerca de apenas 2% da água residual da América Latina recebe algum tratamento.

Mais de um terço da população da África atualmente não tem acesso à água potável não-contaminada e, dentro de quinze anos, um em cada dois africanos estará morando em países que enfrentarão um sério estresse hídrico. Dos 25 países do mundo cuja população tem menos acesso à água limpa e não contaminada, 19 estão na África. O Lago Vitória, fonte do Nilo, está sendo usado como esgoto a céu aberto. Esse e dezenas de outros lagos e rios africanos estão ameaçados, de acordo com o Programa das Nações Unidas para o Meio Ambiente (PNUMA), cujo relatório de outubro de 2005, The Atlas of African Lakes, usou imagens de satélite para revelar a deterioração sem precedentes de todos os 677 principais lagos da África. Além disso, o relatório revela quedas alarmantes nos lençóis freáticos na maioria dos lagos africanos. O Lago Chad encolheu quase 90%.

Milhares de angolanos morreram em uma epidemia de cólera em 2006, causada pela água imunda. Apenas um em cada seis lares de Luanda tem serviços de saneamento básico, e os 4,5 milhões de residentes da cidade moram em meio a montanhas de lixo e esgotos a céu aberto nas ruas. Oitenta por cento dos rios da África do Sul estão ameaçados pela poluição e, todo ano, os moradores (normalmente mulheres) têm de andar cada vez mais para encontrar água limpa. As mulheres da África do Sul agora andam, coletivamente, o equivalente a 16 vezes a distância de ida e volta até a lua por dia para obter água.

Um resultado inevitável da poluição maciça das águas de superfície em países pobres é que a água de esgoto está sendo cada vez mais usada para fertilizar plantações. Em 2004, a filial do International Water Management Institute no Sri Lanka realizou a primeira pesquisa global sobre a prática velada de irrigação com água residual. Eles descobriram que um décimo das plantações irrigadas do mundo — desde alfaces e tomates até mangas e cocos — é regada a água de esgoto, em sua maioria, sem qualquer tratamento, "correndo diretamente dos encanamentos de esgoto para os campos à margem das grandes megacidades dos países em desenvolvimento". O esgoto é lançado nos campos com agentes patológicos, que causam doenças, e lixo tóxico das indústrias. Em algumas metrópoles do Terceiro Mundo, todos os alimentos vendidos são cultivados com água de esgoto.

## Nossas Fontes de Água Subterrânea Estão se Esgotando

Para lidar com essa enorme poluição e o conseqüente efeito de redução dos suprimentos de água limpa, as fazendas, as cidades e as indústrias em todo o mundo estão buscando fontes de água subterrânea, usando uma tecnologia sofisticada para perfurar profundamente a terra e sugar água de aqüíferos primitivos para uso diário. Essa é a segunda peça do enigma de "ficar sem". Estamos pegando água de onde temos acesso — em aqüíferos e outras fontes de água subterrânea — e colocando-a em locais onde ela é usada e desperdiçada, como na irrigação maciça de desertos, para fabricar carros e computadores ou para produzir petróleo a partir de areias betuminosas e leitos de metano de minas de carvão, onde ela se torna poluída ou se perde no ciclo hidrológico.

A atual prática de "mineração de água" é diferente do uso sustentável de água de poço que funcionou para agricultores de várias gerações. Hoje, a água subterrânea é vista como um recurso finito, como um mineral — um depósito a ser explorado até se esgotar, permitindo que o minerador se mude para novos locais —, em vez de um recurso renovável que deve ser protegido e reabastecido. A mineração exponencial da água subterrânea é, em grande medida, desregulamentada e ninguém sabe quando o limite será alcançado e o suprimento esgotado em determinada comunidade ou região.

O que sabemos é que o uso da água subterrânea para a subsistência diária está aumentando muito rapidamente. Cerca de dois bilhões de pessoas — um terço da população mundial — depende de suprimentos de água subterrânea, extraindo aproximadamente 20% da água global anualmente. Os aqüíferos de água subterrânea estão sendo excessivamente bombeados em quase todo o mundo e também estão sendo poluídos com escoamentos químicos de fazendas industriais e resíduos de mineração, bem como invadidos por água salgada devido a práticas negligentes de perfuração. (Em alguns casos, o excesso de extração de um rio expõe um aqüífero ao perigo. O Mar Morto está desaparecendo, vítima do amplo abuso das águas do Rio Jordão para irrigação. À medida que o Mar Morto seca, os aqüíferos que o circundam estão ficando com um nível mais alto que o de sua superfície. A água subterrânea flui para o mar, secando os aqüíferos que permaneceram intactos por milhões de anos.)

No Primeiro Mundo, grande parte da extração de água subterrânea se deve ao grande agronegócio, que extrai quantidades maciças de água em gigantescas perfurações industriais. No Terceiro Mundo, o problema é causado por milhões e milhões de pequenos agricultores que usam bombas individuais.

A mineração da água subterrânea pode ser associada, em grande parte, à famosa Revolução Verde e ao uso da irrigação por enchente para a produção de alimentos em massa. Desde 1950, o tamanho global das terras irrigadas — motivação da Revolução Verde — triplicou. Usando grandes quantidades de água, os cientistas desenvolveram variedades de plantações com alto rendimento para atender às necessidades das nações em desenvolvimento. Enquanto a "revolução" produzia mais alimentos, também usava água demais e, além disso, dependia de quantidades abundantes de perigosos pesticidas e fertilizantes. Alguns países abandonaram as antigas práticas agrícolas sustentáveis e começaram a "fazer uma colheita dupla", em que as plantações eram cultivadas na estação seca e na estação úmida, aumentando a demanda pela água.

Como observa o ambientalista britânico Fred Pearce, a agricultura irrigada nos deu o dobro de alimentos, mas usou três vezes mais água, e acabou fazendo mais mal do que bem. Ele lista os principais rios do mundo que não alcançam mais o mar: os rios Colorado e Rio Grande nos Estados Unidos; o Nilo no Egito; o Rio Amarelo na China; o Indus no Paquistão; o Murray na Austrália; o Jordão no Oriente Médio; e o Oxus na Ásia Central. Eles foram esvaziados pela construção de represas, pelo excesso de uso e pela mineração das águas subterrâneas que os alimentam.

Em *Pillar of Sand*, sobre o aumento da desertificação do planeta, Sandra Postel argumenta que as mudanças na produção de alimentos ao longo dos últimos 50 anos exerceram uma pressão profunda nos suprimentos de água subterrânea do mundo. As práticas agrícolas de muitos países são sustentadas pelo equivalente hidrológico do financiamento de déficit. Pelo menos 10% da colheita global de grãos é cultivada com suprimentos de água subterrânea que não estão sendo reabastecidos, uma quantidade igual ao fluxo total de dois rios Nilo a cada ano.

A extração de água subterrânea muitas vezes transforma oásis em desertos, mas também pode literalmente transformar um deserto em um oásis. O Aqüífero Ogallala é uma ampla formação geológica que se estende sob oito estados americanos, desde a Dakota do Sul até o Texas. Os primeiros colonizadores das High Plains semi-áridas foram atormentados com o fracasso das lavouras devido a ciclos de seca, culminando na tempestade de poeira dos anos 30. Depois da Segunda Guerra Mundial, desenvolveu-se a tecnologia para explorar o Ogallala, e as High Plains se transformaram em uma das regiões com maior produção agrícola do mundo. Suas gigantescas reservas de água — maiores que o Lago Huron — agora são usadas para cultivar plantações que fazem uso intenso de água, como algodão e alfafa, no deserto. Mas o milagre não vai durar. Por ser tão profundo, o Ogallala recebe muito pouco reabastecimento da natureza para compensar os 200 mil poços escavados que trabalham sem intervalo para extrair seu antigo tesouro. Em poucas décadas, ele perdeu — para sempre — um volume de água equivalente ao fluxo anual de 18 rios Colorado. Agora, ele produz metade das lavouras dos anos 70, mas a demanda continua a aumentar.

Essa história se repete em todos os Estados Unidos, país que agora depende de água subterrânea não renovável para surpreendentes 50% da água que usa diariamente. A água subterrânea é responsável por 65% da água potável da Europa, e a Comissão Européia alerta que 60% das cidades européias exploram suas fontes de água subterrânea. Metade dos pântanos da Europa está ameaçada devido à mineração da água subterrânea, e a própria água subterrânea está ficando gravemente poluída. Os aqüíferos também são absurdamente bombeados na Austrália — a extração de água subterrânea aumentou drasticamente em 90% na década de 1990 — e estão contaminados pelos 80 mil aterros tóxicos sob as principais cidades da Austrália.

No entanto, é na Ásia que a crise iminente pode ser vista com mais clareza. A revista *New Scientist*, de Londres, relatou descobertas de cientistas sobre o que chamou de "crise pouco proclamada" em toda a Ásia, com a perfuração desregulada e exponencial da água subterrânea. Os agricultores estão perfurando milhões de poços operados por bombas em uma busca cada vez mais profunda pela água e estão ameaçando secar as reservas subterrâneas do continente, criando o cenário para uma "anarquia incalculável". O Vietnã quadruplicou o número de poços subterrâneos na última década, atingindo um milhão, e o nível da água está caindo no estado paquistanês de Punjab, que produz 90% dos alimentos do país.

Na Índia, 23 milhões de poços subterrâneos funcionam 24 horas por dia usando tecnologia emprestada da indústria petrolífera, e vão tão fundo que estão extraindo água formada na época dos dinossauros. A cada ano, é adicionado mais um milhão de poços. As bombas estão extraindo 200 quilômetros cúbicos de água do planeta todo ano, sendo que apenas uma fração é devolvida pelas chuvas de monções. (Um quilômetro cúbico é o volume de água equivalente ao de um cubo com um quilômetro em cada lado.) Os agricultores são forçados a perfurar mais profundamente para acompanhar a diminuição dos lençóis freáticos, e milhares de agricultores cometeram suicídio na última década quando suas fazendas ficaram completamente sem água. A súbita queda dos lençóis freáticos em Tamil Nadu e na região norte de Gujarat reduziu à metade a terra disponível para agricultura. "Essa situação se repetirá em toda a Índia", dizem os especialistas locais em hidrologia.

A China tem menos água que o Canadá e 40 vezes mais habitantes. No norte da China, o esgotamento da água subterrânea atingiu níveis catastróficos. Na metade norte do país — principal região produtora de alimentos da China —, o bombeamento da água subterrânea chega a 30 bilhões de metros cúbicos ao ano. Isso se deve ao enorme excesso de bombeamento para a agricultura, mas também porque os planejadores do governo desviam grandes quantidades de água da agricultura para a indústria a cada ano, para fomentar o "milagre" econômico da China. O lençol freático sob Pequim caiu cerca de 60 metros nos últimos 20 anos, o que levou alguns planejadores a alertar que a China pode ter de escolher outra cidade para ser sua capital.

Tempestades de areia relacionadas à seca já estão atormentando a China. Na primeira metade da 2006, treze grandes tempestades de areia haviam atingido o norte da China. Em abril de 2006, uma tempestade atingiu um oitavo do país e chegou à Coréia e ao Japão. Em seu caminho, descarregou a impressionante quantidade de 336 mil toneladas de poeira em Pequim, forçando as pessoas a andarem com máscaras de proteção. A cada ano, um novo deserto do tamanho do estado americano de Rhode Island é criado na China.

## O Planeta Está Secando

### *Geleiras Derretendo*
A crise da China é exacerbada pelo rápido derretimento das geleiras tibetanas, que estão sumindo tão aceleradamente (devido à mudança climática) que serão reduzidas 50% a cada década, de acordo com a Chinese Academy of Sciences. A cada ano, a quantidade de água que se derrete das 46.298 geleiras do planalto é suficiente para encher todo o Rio Amarelo. Mas, em vez

de adicionar recursos de água doce a um país sedento, o ritmo furioso desse derretimento está, na verdade, criando a desertificação. Em vez de alimentar constantemente os grandes rios da Ásia — o Yangtze, o Indus, o Ganges, o Brahmaputra, o Mekong e o Amarelo —, como as geleiras himalaias fizeram durante milênios, a água do rápido derretimento que escoa do planalto aumenta a erosão do solo, permitindo que os desertos se espalhem, e depois evapora antes de chegar aos rios sedentos.

Yao Tandong, da Academia, diz: "A redução integral das geleiras nas regiões de planalto acabará levando a uma catástrofe ecológica". O Rio Indus, por exemplo, fornece água para 90% das lavouras do Paquistão.

O World Wildlife Fund (WWF) reflete essa preocupação, relatando que bilhões de pessoas em todo o mundo enfrentam uma grave falta d'água enquanto as geleiras do mundo passam pelo derretimento. O WWF destaca a preocupação com o Equador, o Peru e a Bolívia, pois todos eles dependem do derretimento das geleiras dos Andes para seus suprimentos de água. Em 1980, 75% das geleiras alpinas européias estavam avançando. Hoje, 90% estão recuando. Os Alpes Suíços — principal fonte de água para os rios Reno, Ródano e Pó — estão derretendo duas vezes mais rápido que qualquer outra geleira no mundo. No Canadá, a geleira que alimenta o Rio Bow, em Alberta, está derretendo tão rapidamente que, em 50 anos, provavelmente não haverá água no rio, exceto no caso de enchentes rápidas ocasionais.

A situação das montanhas do mundo — fonte de metade da água potável da humanidade, agora chamadas pelos cientistas e ambientalistas de "torres de água doce" — deve ser uma grande preocupação de todos nós, à medida que o aquecimento global elimina suas geleiras primitivas. As geleiras que escoam para o mar são outra fonte de perda de água doce, pois derretem e escoam para a água salgada e acrescentam volume ao aumento do nível dos oceanos. O derretimento de geleiras é outra peça do enigma do "ficar sem" — outro exemplo, como a mineração de água subterrânea, na qual a água é removida de onde está armazenada há milênios para dar vida aos seres humanos e à natureza, e acaba perdida para ambos.

### Comércio de Água Virtual

A água também é transferida em grandes quantidades através do comércio, no que se chama de *água virtual*, um termo que descreve a água usada na produção de lavouras ou bens manufaturados que são posteriormente exportados. Os economistas israelenses inicialmente usavam o termo *água virtual* ou *embutida* no início dos anos 90, quando perceberam que não fazia sentido, do ponto de vista econômico, exportar a escassa água de Israel. Era isso que acontecia, segundo eles, toda vez que laranjas ou abacates, que consomem muita água, eram exportados de seu país semi-árido. Devido aos fracos sistemas de proteção da água usados no mundo (mais de metade de toda a água usada na irrigação por enchente se perde em infiltrações ou evaporação), até mesmo um pacote pequeno de salada consome 300 litros de água para ser produzido. São necessários cerca de mil litros para produzir um quilo de trigo e cinco a dez vezes mais para produzir um quilo de carne. Para produzir um quilo de algodão, são usados até 30 mil litros de água.

A água que é usada na produção de alimentos é "virtual" porque não está mais contida no produto, embora uma grande quantia tenha sido usada no processo de produção. Se um país exporta um produto que consome muita água para outro país, ele exporta água na forma virtual, embora não esteja tecnicamente negociando ou vendendo água. Isso diminui a quantidade de água consumida no país importador. Países ricos com baixos suprimentos de água, como a Arábia Saudita e a Holanda, importam grande parte de sua água através da compra de alimentos de países que têm muita água ou são pobres demais para ter uma escolha diferente de explorar o que resta de sua água. O Japão, por exemplo, importa 65% do volume total de água que utiliza para produzir os bens e serviços consumidos por seus cidadãos (isso se chama pegada hídrica de um país) através da importação de produtos alimentícios que usam a água de outros países em sua produção. Em países ricos em água, como o Canadá, essa prática pode parecer favorável. Mas muitos países pobres estão exportando enormes quantidades de água através do comércio de água virtual devido a uma necessidade desesperada de receita e porque têm sido fortemente impulsionados pelo Banco Mundial e pelo Fundo Monetário Internacional para pagar suas dívidas através da exportação de lavouras de monocultura, mesmo que isso signifique usar sua melhor e mais arável terra e o restante de seus suprimentos de água nessas plantações.

A Índia, com a crise da água se aproximando, é um grande exportador de água virtual, assim como a Tailândia. O Vietnã está destruindo seus lençóis freáticos para cultivar café para exportação. A África fornece frutas e vegetais fora de estação para grande parte da Europa, assim como a América Latina fornece para a América do Norte. O Quênia está destruindo a água do Lago Naivasha para plantar rosas com o objetivo de exportá-las para a Europa. Os cientistas prevêm que o lago, fonte de água para a maior população de hipopótamos da África, será uma "poça de lama pútrida" dentro de cinco a dez anos se seu escoamento para irrigação de flores não for interrompido. (Sabendo disso, as grandes empresas européias de flores já estão planejando uma mudança para Etiópia e Uganda.)

Da mesma forma, muitos países em desenvolvimento estão cultivando "biocombustíveis" — substitutos energéticos derivados da cana de açúcar, do milho, do azeite de dendê e da soja — para atender às demandas dos países do norte por alternativas ao petróleo e à gasolina. Os biocombustíveis — alimentos para abastecer carros — estão sob uma crítica intensa não apenas porque ocupam grandes áreas de terra agrícola e são lavouras que usam muita energia por si só — exportando, assim, os custos energéticos do norte para o sul —, mas também porque usam enormes quantidades de água. Como relata o professor de ciências agrícolas, David Pimentel, da Cornell University, são necessários 1.700 litros de água para produzir um litro de etanol, sendo que a água usada para processar o milho dos biocombustíveis é adicionada à água usada para cultivar o milho, normalmente utilizando-se de práticas de irrigação por enchente, que desperdiçam água. A China importa cerca de 20 milhões de toneladas de biocombustível de soja a cada ano, principalmente do Brasil (um fator que talvez estivesse presente no acordo de biocombustíveis assinado pelos presidentes Bush e Lula na visita do presidente norte-americano ao Brasil em março de 2007). Para isso, os países produtores usam 45 quilômetros cúbicos de água — aproximadamente metade do consumo doméstico anual de água no mundo inteiro. No norte do Brasil, onde as grandes plantações de biocombustíveis são numerosas, rios inteiros estão secando. (Nem todos os biocombustíveis são para exportação. Os governos do Canadá e dos Estados Unidos também estão promovendo o cultivo de biocombustíveis em seus setores agrícolas com grandes subsídios. O periódico *Sacramento Bee* estima que, para atender ao objetivo declarado pela Califórnia para a produção de etanol, o estado terá de encontrar 10 trilhões de litros de água adicionais por ano.)

Muitos países pobres estão exportando a tal ponto que se encaminham em direção à seca. Entre 15 e 20% da água usada no mundo para propósitos humanos não são para consumo doméstico, mas para exportação, de acordo com a ONU, no que muitos consideram uma estimativa conservadora. Mas, com a contínua ênfase do Banco Mundial e de outras instituições financeiras globais no crescimento das exportações, essa prática deve aumentar e, com ela, a transferência da água dos pobres para os ricos. Estranhamente, dois países ricos mas com estresse hídrico também são grandes exportadores de água virtual: os Estados Unidos e a Austrália. As exportações líquidas de água dos Estados Unidos chegam a um terço da retirada total de água do país e são um fator decisivo no ressecamento do centro-oeste e do sudeste do País. Não coincidentemente, tanto a Austrália quanto o País têm governos que negam a crise da água e estão completamente comprometidos com a globalização econômica e sua falsa promessa de crescimento ilimitado.

### *Urbanização e Desmatamento*
Outra resposta em relação ao destino da água do mundo é que ela é retirada do ciclo hidrológico pela maciça urbanização e pavimentação de ambientes naturais. Em um estudo inovador, o cientista eslovaco ganhador do Prêmio Goldman, Michal Kravçik, mostrou que, quando a água não consegue retornar para campos, pastos, pântanos e riachos devido à expansão urbana e à remoção de áreas verdes, há menos água no solo e no sistema local de água e, portanto, menos água para evaporar da terra. É como se a chuva estivesse caindo sobre um grande guarda-chuva de cimento, que a carrega para o mar. A destruição de paisagens que retêm água significa que menos precipitação permanece em bacias fluviais e bacias hidrográficas continentais; isso, por sua vez, equivale a menos água no ciclo hidrológico.

Kravçik relata a morte de muitas outras sociedades no passado devido às mesmas práticas que usamos amplamente hoje e que são destrutivas para a água. Ele explica que a água é um regulador térmico que suaviza os extremos climáticos. Quanto mais água há na atmosfera, mais fortes serão os efeitos suavizantes sobre a temperatura e o clima. A maioria da água evaporada no ciclo hidrológico fechado condensa-se novamente na bacia hidrológica local. Ali, ela precisa de muita vegetação para o processo de "transpiração" — o processo pelo qual plantas e árvores "suam" água, refrescando o ar. Se o ciclo hidrológico for interrompido porque a vegetação foi retirada, o vapor d'água se perde na bacia hidrológica local. A eliminação de vegetação do solo através da remoção de florestas, do excesso de terras de pasto ou do uso de métodos ruins de cultivo foi uma causa importante da queda de antigas civilizações. Os seres humanos modernos aumentaram a urbanização e a prática de remover enormes quantidades de água doce através de sistemas de esgoto, muitos dos quais despejam água doce diretamente nos oceanos. Kravçik diz que a destruição da vegetação, combinada com o despejo da água da chuva dos continentes nos oceanos, é uma causa tão importante do aquecimento global e do aumento do nível dos mares quanto à emissão de gases de efeito estufa.

Um problema adicional é a criação de ilhas urbanas de calor que são mais quentes que as áreas rurais à volta. Como observou a revista *Science News*, "superfícies impenetráveis" do tamanho do estado americano de Ohio atualmente cobrem os Estados Unidos e realmente afetam o clima local. Como a precipitação não penetra nas paisagens urbanas, ela não fica disponível para absorver o calor, evaporar e, assim, resfriar o ambiente. As cidades perdem a capacidade de "suar".

O problema é agravado pelo desmatamento. Em um estudo de março de 2005 realizado pela Australian Nuclear Science and Technology Organization, os cientistas analisaram variações na estrutura molecular da chuva ao longo do Rio Amazonas. Isso permitiu que eles "marcassem" a água enquanto ela fluía até o Atlântico, evaporava, voltava à terra em correntes de ar, caía novamente na forma de chuva e, por fim, voltava para o rio. O estudo mostrou que, desde a década de 1970, quando o desmatamento intenso começou, a quantidade de moléculas pesadas encontradas na chuva sobre o Amazonas havia diminuído significativamente. A única explicação possível era que as moléculas não estavam mais sendo devolvidas à atmosfera para cair novamente na forma de chuva porque a vegetação estava desaparecendo. A equipe descobriu uma conexão clara entre a degeneração da floresta e a redução da chuva — uma associação com um antigo relato mas sem prova científica até o estudo australiano.

### *Desertificação e Mudança Climática*
Essa tendência à seca foi recentemente verificada por diversas fontes importantes. O U.S. National Center for Atmospheric Research (NCAR) registra que o percentual de solo da Terra atingido por uma seca grave mais que dobrou entre 1970 e 2005. A seca alastrada ocorreu em grande parte da Europa, Ásia, Canadá, oeste e sul da África e leste da Austrália. Na Nigéria, dois mil quilômetros quadrados estão se transformando em deserto a cada ano.

Além disso, pesquisadores do Gravity Recovery and Climate Experiment (GRACE), patrocinado pela NASA, estão usando um par de satélites não-estacionários para medir as alterações no suprimento de água de todo o mundo. Os dois satélites medem o campo gravitacional da Terra; alterações nos dados a cada minuto podem ser extrapoladas para mostrar onde a água está "fora de lugar", mesmo que esteja contida na neve, em rios ou aqüíferos. Embora o projeto seja relativamente novo (lançado em 2003), ele já identificou o vale central da Califórnia, partes da Índia e grandes áreas da África como áreas que merecem atenção especial. A diminuição anual de 21,6 milímetros na profundidade do Rio Congo se traduz em 260 quilômetros cúbicos ou, grosso modo, o fluxo anual de 14 rios Colorado. A cada ano.

Um importante relatório de outubro de 2006 do U.K. Meteorological Office reproduziu as tendências hídricas de todo o planeta ao longo dos últimos 50 anos e, depois, aplicou o mesmo modelo para prever o futuro. O estudo mostrou claramente que a atual extensão da seca poderia dobrar até o final do século XXI, ameaçando a sobrevivência de milhões de pessoas no mundo todo. Por outro lado, na segunda metade do último século, apenas 1% do mundo foi afetado por uma seca extrema.

Existem várias maneiras pelas quais a mudança climática afeta as fontes de água doce. À medida que os oceanos subirem, eles vão destruir mais pântanos, que já estão ameaçados. Os pântanos já foram chamados de rins dos sistemas de água doce, porque filtram e purificam a sujeira e as toxinas antes que elas alcancem rios, lagos e aqüíferos. (As florestas são os pulmões do sistema hídrico, absorvendo a poluição e evitando enchentes.) Além do mais, à medida que o aquecimento global aumentar a temperatura da Terra, a água do solo — necessária para manter o ciclo da água doce — evaporará com mais rapidez. A água em lagos e rios também evaporará mais rapidamente, e os mantos de neve e a cobertura de gelo que reabastecem esses sistemas se tornarão mais raros.

A mudança climática e a redução da água no ciclo hidrológico criarão um bilhão de refugiados da mudança climática, muitos devido ao desperdício de água, alertou a agência de desenvolvimento Christian Aid em um relatório de maio de 2007 com o título de *Human Tide: The Real Migration Crisis*. Citando pesquisas do acadêmico de Oxford, Norman Myers, que concluiu que, até 2050, cinco vezes mais solo tem possibilidade de estar em seca "extrema" do que hoje, outro grupo de ajuda cristão, o Tearfund, instigou os líderes mundiais a irem além da retórica. Em seu relatório *Feeling the Heat*, Sir John Houghton, um dos maiores cientistas climáticos da Grã-Bretanha, alertou que a escassez de água seria a ameaça climática mais visível e terrível nos países em desenvolvimento.

## As Soluções de Alta Tecnologia São Parte do Problema

Ao tomarem atitudes proativas para aliviar a crise da água, muitas nações e as instituições financeiras internacionais estão promovendo soluções de alta tecnologia: represas, desvios e dessalinização. Embora seja difícil imaginar um mundo sem essas soluções, no longo prazo, todas elas são parte do problema, e não apresentam as respostas de que precisamos. Pelo contrário, essas tecnologias caras têm potencial para prejudicar muito os ecossistemas nos quais são colocadas, agravando ainda mais a crise global da água.

### Represas

Mais de 45 mil grandes represas (com mais de 15 metros de altura) foram construídas em todo o mundo, com um custo em torno de US$ 2 trilhões. Embora as represas possam oferecer alguns benefícios, como gerar eletricidade, fornecer água, controlar enchentes e facilitar a navegação, muitas evidências sugerem que esses benefícios advêm de represas menores. As grandes represas acumulam materiais orgânicos e vegetação podre nas terras submersas, o que, por sua vez, gera gás metano, uma importante fonte de emissão de gases de efeito estufa. Elas também desalojam enormes quantidades de pessoas devido a seu tamanho. Cerca de 80 milhões de pessoas foram forçadas a sair de suas terras para dar caminho para represas, e poucas foram indenizadas por isso. Sessenta por cento dos maiores rios do mundo foram fragmentados por represas e desvios, e mais de um milhão de quilômetros quadrados — 1% da superfície terrestre da Terra — foi inundado por reservatórios em todo o mundo.

Grandes represas perturbam os padrões de fluxo do rio e o habitat aquático, reduzindo a biodiversidade. Grandes represas e desvios são o principal motivo por que um terço das espécies de peixes de água doce estão extintas ou em perigo de extinção, relata a International Rivers Network (IRN). Grandes represas também são o motivo pelo qual tantos dos grandes rios do mundo não chegam mais ao oceano, e por que ricas áreas de delta, onde a água doce se encontra com a água salgada — lar de tantas espécies —, foram destruídas. O WWF relata que apenas 21 dos 177 rios mais longos do mundo correm desimpedidos até o mar.

Talvez o mais importante seja que grandes represas contribuem significativamente para a emissão de gases de efeito estufa e, portanto, para o aquecimento global, uma das grandes ameaças às fontes de água doce. O especialista brasileiro em mudança climática, Philip Fearnside, estima que as represas hidrelétricas no Amazonas causam muito mais aquecimento global que as usinas modernas de gás natural que geram a mesma quantidade de energia. "Pode parecer absurdo", diz Patrick McCully, da IRN, "mas os reservatórios tropicais de energia hidrelétrica podem exercer um impacto muito maior sobre o aquecimento global do que suas rivais mais poluentes: as usinas de combustível fóssil".

Embora as grandes represas tenham perdido seu encanto no hemisfério norte, o Banco Mundial e outros bancos de desenvolvimento regionais estão planejando muitas represas novas na Índia, na China, no Brasil, na Turquia, no Irã, no Laos, no Vietnã, no México e na Etiópia — áreas com grave escassez de água e/ou poluição aquática.

### Desvios
Outra resposta de alta tecnologia à crise da água é tirar a água de onde ela existe na natureza e movê-la para grandes cidades ou indústrias distantes. No passado, a água era desviada através de canais. No entanto, agora a água costuma ser carregada através de gigantescos dutos que podem levá-la para muito longe de sua fonte. Cada vez mais, em todo o mundo, uma rede maciça de dutos está sendo construída para mover a água de um lugar para outro, assim como a rede de dutos que agora movimenta enormes quantidades de petróleo e gás. Isso está sendo feito sem qualquer planejamento coordenado ou compreensão do que isso pode representar em termos ecológicos. Esses dutos são muito dispendiosos e, assim como os dutos de energia, nocivos para o meio ambiente. Eles perturbam a vida selvagem e os ecossistemas e, em regiões mais frias, devem ser construídos em áreas permanentemente congeladas (*permafrost*).

Quando a água é retirada de uma bacia hidrográfica, onde é necessária à sobrevivência do ecossistema, o resultado gera quedas no lençol freático no curto prazo e pode resultar no esgotamento total da água no longo prazo. Esse cenário já está moldando as necessidades de comunidades rurais, indígenas e agrícolas em relação aos grandes centros urbanos. Também está gerando tensões entre nações quando um país reivindica uma água subterrânea que também é reivindicada por outros países. E é uma importante causa da desertificação de áreas rurais, cujos sistemas hídricos são vendidos, desapropriados ou simplesmente roubados.

A Cidade do México está enfrentando uma crise da água crônica e grave à medida que sua população continua a aumentar e seus suprimentos de água desaparecem. O estado agora bombeia água doce — 16 mil litros por segundo — para a Cidade do México de um reservatório na comunidade indígena Mazahuas, a cem quilômetros de distância. Os mazahuas estão esperando há três décadas para ter acesso a essa água, que foi confiscada pelo estado em 1980 (e antes disso era sua única fonte), e prometeram usar suas armas se essa injustiça não for corrigida. As autoridades mexicanas estão indo a muitas outras comunidades em torno da cidade, algumas bem distantes, buscando novos suprimentos de água para serem desapropriados.

A Líbia consiste, em grande parte, de solo desértico, e o rápido desenvolvimento de suas áreas costeiras exerce uma grave pressão sobre o suprimento limitado de água. Então, em 1980, o Coronel Mu'ammar Gadhafi iniciou o Great Man-Made River Project para extrair água dos aqüíferos sob o Deserto do Saara. Ele construiu um gigantesco duto subterrâneo com 35 bilhões de dólares e cinco mil quilômetros — o maior do mundo até hoje —, que fez o deserto costeiro florescer. Além disso, mais de 1.300 poços foram perfurados até o aqüífero, sendo que alguns chegam à profundidade de cinco mil metros. No momento, assustadores 6,5 milhões de metros cúbicos de água estão sendo diariamente desviados do aqüífero. No entanto, essa "Oitava Maravilha do Mundo" tem dois problemas. Primeiro, a água desse aqüífero encontra-se embaixo de vários outros países, a saber: Chad, Egito e Sudão, que também reivindicam o direito a ela. Segundo, e mais importante, o aqüífero não tem fonte de reabastecimento e acabará completamente esgotado.

Israel está pensando em construir um duto de 200 quilômetros, financiado pelo Banco Mundial, para levar água do Mar Vermelho para "reabastecer" o Mar Morto, que encolheu drasticamente nos últimos anos. Os ambientalistas estão alertando que, em vez de salvar o Mar Morto, o projeto pode danificá-lo ainda mais ao estimular o crescimento de algas.

A Índia está planejando construir um gigantesco duto a partir da Represa Tehri em uma parte afastada do Himalaya (quando estiver pronta, a

Tehri será a quinta maior represa do mundo e inundará 4.200 hectares de solo agrícola fértil) para desviar água do Upper Ganga Canal — a principal fonte do sagrado Rio Ganges — para suprir Déli com água potável. Essa é uma das etapas de uma proposta para conectar todos os rios da Índia através da criação de super-represas e do gigantesco desvio de água através de canais e dutos. O custo proposto desse desvio sem precedentes seria de 200 vezes o que a Índia gasta em educação, e três vezes o que arrecada em impostos.

A China está estabelecendo o cenário para reescrever o próprio futuro através de esforços de engenharia que envolvem desviar a água que cai em cascatas das Terras Altas Tibetanas até o árido Rio Amarelo na parte oeste do país. O início da construção da Rota Ocidental Tibetana do South-North Water Transfer Project está previsto para 2010. Ela se unirá às Rotas Central e Oriental, que já estão em construção para extrair água do Rio Yangtze para Pequim, e consistirá de três canais e dutos de 1.100 quilômetros, com custo projetado de 300 bilhões de dólares. Na primeira fase, o sistema transferirá cerca de quatro bilhões de metros cúbicos de água anualmente — o mesmo que o principal sistema de transferência de água da Califórnia — e, com o tempo, fornecerá 46 trilhões de litros de água por ano.

As autoridades russas estão indignadas com o plano da China de construir um canal de irrigação com 300 quilômetros e drenar 450 milhões de metros cúbicos de água ao ano do Rio Irtysh, na Sibéria, agora compartilhado pelos dois países. Até dois milhões de russos podem ficar sem água se esse projeto não for repensado. Além disso, continuam os rumores de que um enorme duto também está sendo planejado para bombear a água do famoso Lago Baikal da Rússia para a China e, dentro de algum tempo, até mesmo para o Oriente Médio e os Estados Unidos. O Lago Baikal é a maior fonte de água doce do mundo, maior que todos os Grandes Lagos da América do Norte juntos. Em agosto de 2005, cientistas russos e chineses realizaram a primeira missão de pesquisa conjunta para explorar o meio ambiente em torno do lago e a qualidade da água.

Diversos dutos também estão sendo propostos no mundo desenvolvido. A Comissão Européia está apoiando o estabelecimento de uma European Water Network que desviaria água dos Alpes Austríacos através de dutos até áreas secas do sul da Europa. Existe um plano em andamento para construir um duto de 650 quilômetros para desviar água do Rio Missouri para as áreas habitadas de Dakota do Sul, sudoeste de Minnesota e noroeste de Iowa. A Southern Nevada Water Authority está propondo desviar água do sul do

38  Água, Pacto Azul

Nevada para Las Vegas através de um duto de quinhentos quilômetros. O estado americano de Utah projetou um duto de 500 milhões de dólares com 200 quilômetros, saindo do Lago Powell para atender a St. George e Washington County. Muitos projetos foram propostos (e arquivados devido à firme oposição) para bombear água do norte do Canadá para o centro-oeste dos Estados Unidos. À medida que a água se torna mais preciosa, muitos estão revendo esses projetos. Malcolm Turnbull, ex-ministro australiano de meio ambiente e recursos hídricos, apoiava a idéia de um duto para carregar água dos rios de New South Wales para as cidades secas de Queensland, no norte. Em um relatório de abril de 2007, Turnbull alegou que, mesmo com o alto custo da construção do duto, isso proporcionaria mais água a um preço menor que o das usinas de dessalinização.

Há 60 anos, a água foi desviada em grandes quantidades do Mar de Aral através de um canal dragado e enviada para o deserto, com o objetivo de cultivar algodão para exportação. Na época, o Aral era o quarto maior lago do mundo, e sua bacia era compartilhada pelo Afeganistão, pelo Irã e por cinco países da então União Soviética. O Mar de Aral é uma tragédia ecológica moderna; perdeu mais de 80% do volume e o que restou foi uma água extremamente salgada. O desvio de canais para irrigação também foi (junto com a seca) uma importante causa da destruição do Lago Chad — que já foi o sexto maior lago do mundo (e o terceiro maior da África) e agora simplesmente não existe mais.

### Dessalinização

A terceira tecnologia que está sendo elogiada entusiasticamente (pela indústria da água) ou relutantemente (pelos governos de alguns países com estresse hídrico) é a dessalinização. Dessalinização é o processo pelo qual o sal é removido da água do mar ou da água salobra por meio da evaporação ou passando-se a água salgada através de filtros com membranas minúsculas para criar uma água doce e potável. De acordo com a International Desalination Association, hoje existem 12.300 usinas de dessalinização em todo o mundo, instaladas em 155 países, com capacidade coletiva para produzir 47 milhões de metros cúbicos de água por dia.

Essas estatísticas não são tão impressionantes quanto parecem. A maioria das usinas de dessalinização é pequena e usada para atender a necessidades industriais bem localizadas e muito valorizadas. A dessalinização só é parte da solução hídrica de um país em alguns lugares, como no Oriente

Médio e no Caribe. Duas mil dessas usinas estão na Arábia Saudita, que é responsável por um quarto da produção mundial de água dessalinizada. Isso não é coincidência: a dessalinização da água do mar é muito, muito dispendiosa e pouquíssimos países com estresse hídrico têm os recursos dessa nação rica em petróleo. Globalmente, diz o Pacific Institute, as atuais usinas de dessalinização só têm capacidade para fornecer três milésimos do total de água doce usada no mundo.

No entanto, à medida que a crise global da água se torna mais evidente, muitos políticos e burocratas estão buscando essa tecnologia como tábua de salvação. Algumas usinas muito grandes estão em construção em Israel, Cingapura e Austrália, e existem 30 usinas de dessalinização de grande porte em estágio de planejamento na Califórnia. Estima-se que a demanda global crescerá 25% ao ano, de acordo com a International Desalination Association. Sendo assim, é muito importante assegurar se a dessalinização realmente é a resposta que algumas pessoas estão afirmando ser.

Qualquer avaliação minuciosa dessa tecnologia revela importantes perigos para o meio ambiente e a saúde humana. Primeiro, as usinas de dessalinização fazem uso muito intenso de energia e exercem um enorme peso adicional sobre as redes elétricas locais. Em *Twenty-Thirst Century*, o livro mordaz do escritor ambientalista australiano John Archer sobre a crise da água em seu país, o autor dá o exemplo de uma usina proposta para Sydney. Inicialmente, ela só será capaz de produzir 100 megalitros de água por dia — apenas uma hora e meia das necessidades atuais de Sydney —, mas exigirá energia suficiente para produzir 255.500 toneladas (cerca de 232 milhões de quilogramas) de gases de efeito estufa todo ano. No mundo todo, a tecnologia de dessalinização de grande escala aumentaria radicalmente as emissões de gases de efeito estufa, que, por sua vez, agravariam a crise de escassez de água que as usinas foram construídas para aliviar.

Segundo, todas as usinas de dessalinização geram um subproduto letal — uma combinação venenosa de salmoura misturada com os produtos químicos e metais pesados usados na produção de água doce para evitar a erosão do sal e limpar e manter as membranas de osmose reversa. Para cada litro de água dessalinizada, um litro de veneno é bombeado de volta para o mar. Archer observa que a usina proposta para Sydney criaria mais de 36 bilhões de litros de resíduos a cada ano. Fotos aéreas das grandes usinas da Arábia Saudita mostram uma enorme mancha encaminhando-se para o oceano, semelhante à tinta roxa liberada por uma lula gigante. Em todo o mundo, as atuais usinas de dessalinização produzem 20 bilhões de litros de resíduos todo dia. Além disso, a descarga contém os restos mortais decompostos da vida aquática — como plâncton, ovas, larvas e peixes — que são mortos durante o processo de entrada; esses restos mortais reduzem a quantidade de oxigênio na água perto dos dutos de descarga, criando mais estresse sobre a vida marinha.

Terceiro, a água que alimenta o sistema de dessalinização pode conter contaminantes perigosos que não são filtrados pelo processo de osmose reversa. Podem incluir contaminantes biológicos, como virus e bactérias; componentes químicos, como disruptores endócrinos, produtos farmacêuticos e de higiene pessoal; e toxinas provenientes de algas, como veneno paralisante de moluscos. Esses contaminantes são encontrados em toda parte.

Mas há outro enorme problema quando as usinas de dessalinização são construídas em países que descarregam seus resíduos no oceano, garantindo, assim, que grande parte da água de entrada já estará poluída. Sydney, por exemplo, descarta um bilhão de litros de esgoto no oceano a cada dia; grande parte seria sugada de volta para a usina de dessalinização projetada, onde apenas o sal seria filtrado. Essa água, então, seria usada para as necessidades diárias de água dos cidadãos de Sydney. Quando nos lembramos que o Terceiro Mundo ainda descarrega 90% de seus resíduos (recicla apenas 10%), não é difícil imaginar a qualidade da água que seria processada pelas usinas de dessalinização para consumo humano. As usinas de dessalinização também são instalações grandes e volumosas que bloqueiam a vista do mar. Além disso, são barulhentas e geram um odor asqueroso.

Peter Gleick, do Pacific Institute, em princípio, não se opõe à tecnologia de dessalinização. No entanto, em um relatório detalhado sobre a dessalinização em *The World's Water, 2006/07*, Gleick conclui que, entre as preocupações e os custos astronômicos, essa tecnologia ainda é um "sonho distante" e uma resposta muito pior para a crise global da água do que o "caminho suave" da conservação, da recuperação da água poluída, da eficiência energética, de práticas agrícolas sustentáveis e de investimento em infra-estrutura. John Archer concorda, mas é mais direto. Ele escreve: "A dessalinização do mar não é a resposta para nossos problemas hídricos. Ela é uma tecnologia de sobrevivência, um sistema de apoio à vida, uma admissão da extensão de nosso fracasso". Em uma análise de junho de 2007 sobre as usinas de dessalinização em todo o mundo, o WWF concordou com o Pacific

Institute, dizendo que a dessalinização impõe uma ameaça ao meio ambiente mundial e agrava a mudança climática. As grandes usinas de dessalinização podem, em breve, se tornar "as novas represas", ignorando a necessidade de conservação de rios e pântanos, disse o WWF.

## Nossos Líderes Políticos Estão Falhando Conosco

Então, aqui está a resposta à pergunta "Podemos ficar sem água doce?" Sim, existe uma quantidade fixa de água na Terra. Sim, ela ainda está em algum lugar por aqui. Mas nós, humanos, a esgotamos, poluímos e desviamos a tal ponto que agora podemos realmente dizer que o planeta está ficando sem água limpa e acessível. Rápido. A crise da água doce é, facilmente, uma ameaça tão grande à Terra e aos seres humanos quanto a mudança climática (à qual está profundamente ligada), mas recebe muito pouca atenção, em comparação a esta.

O mundo está ficando sem água doce limpa e disponível em um ritmo exponencialmente perigoso, assim como a previsão é de que a população do mundo aumente novamente. É como um cometa em rota de colisão com a Terra. Se um cometa realmente ameaçasse o mundo inteiro, talvez nossos políticos subitamente percebessem que as diferenças religiosas e étnicas haviam perdido grande parte de seu significado. Os líderes políticos rapidamente se uniriam para encontrar uma solução para essa ameaça pública.

No entanto, com raras exceções, as pessoas normais não sabem que o mundo está enfrentando um cometa chamado crise global da água. E não estão sendo atendidos pelos líderes políticos, que estão em um tipo de negação inexplicável. A crise não é suficientemente anunciada na mídia predominante e, quando é, normalmente é considerada um problema regional ou local, e não internacional. A política da água é levantada como um problema importante em muito poucas eleições nacionais, até mesmo em países com estresse hídrico. Na verdade, em vários países, a negação é a resposta política à crise global da água.

Em novembro de 2006, o ex-primeiro-ministro australiano John Howard realizou uma reunião de cúpula de alto nível em Sydney para lidar com o que um cientista chamou de "a pior seca da Austrália nos últimos mil anos". A resposta de Howard? Permitir que os agricultores "vendessem" água de áreas rurais para a cidade, drenando, assim, ainda mais água dos rios já secos; drenar os pântanos para suprir as cidades; comprar tanques cheios de água da Tasmânia; e sondar tecnologias como as usinas de dessalinização. O governo não pronunciou uma palavra sequer sobre conservação, proteção de bacias hidrográficas e reabastecimento de sistemas hídricos, limpeza de depósitos de lixo tóxico ou interrupção da exportação maciça das reservas de estoque de água da Austrália para a China.

Nos dois períodos da administração Bush, a preocupação ambiental recebeu um golpe terrível. Em seu livro exaltado *Crimes Against Nature*, Robert F. Kennedy Jr. relata que a Casa Branca de Bush rejeitou mais de 400 artigos de legislação ambiental e levou os Estados Unidos de volta a uma época anterior à consciência ambiental. George W. Bush não apenas não considerou a crise de água do país com seriedade, como também cortou financiamentos para programas de água limpa e não contaminada e permitiu que produtos químicos e toxinas anteriormente proibidos voltassem a circular, destruindo a Clean Water Act. Ele permitiu a extração de madeira e a mineração em parques nacionais, resultando na destruição de rios e lagos em perfeito estado de conservação. O financiamento para a pesquisa hídrica nos Estados Unidos está estagnado há 30 anos, e a parte dedicada à qualidade da água foi, na verdade, reduzida na última década.

O Canadá não tem lei nacional de proteção à água nem um inventário de seus recursos hídricos subterrâneos. Um relatório de 2005 da organização Environment Canada disse que uma crise nacional da água estava se aproximando e que ninguém no governo parecia dar ouvidos a isso. O relatório fez uma avaliação franca da poluição e do excesso de extração nos sistemas hídricos do Canadá e observou uma falta total de liderança no assunto tanto no governo federal quanto nos provincianos. O Canadá está permitindo a destruição de enormes quantidades de água nas areias betuminosas de Alberta, onde a água está sendo perdida no ciclo hidrológico para extrair o óleo pesado do solo.

Em sua defesa, a Europa tomou algumas providências mais sérias. Em 2000, a Comissão Européia lançou a Water Framework Initiative, um plano para toda a União Européia de conservação, limpeza e administração da água baseado na administração conjunta das bacias hidrológicas. Toda a água européia deve atingir o status de "Boa" até 2015. Todas as pessoas na região européia devem ter acesso à água potável limpa (atualmente, existem 120 milhões sem), e o meio ambiente também deve ser protegido. A iniciativa exige uma cooperação além das fronteiras em todas as áreas de proteção de bacias hidrográficas. Embora esse programa esteja entre os mais progressistas do mundo, os países poderosos da Europa têm sido responsáveis por práticas, no Terceiro Mundo, que negam o acesso à água limpa a milhares de pessoas (veja o Capítulo 2). A prestação de contas da Europa tem de incluir esse quadro mais amplo.

No mundo em desenvolvimento, tudo que a maioria dos governos pode fazer é tentar desesperadamente fornecer água para seus cidadãos. Existe pouco esforço para tratar da crise ambiental que poluiu a água inicialmente. A maioria adotou os princípios do Banco Mundial e da Organização Mundial do Comércio e está tentando exportar para se tornar próspero, gerando mais danos ambientais nesse processo. E a maioria é impotente para policiar as grandes corporações de petróleo, silvicultura e mineração que estão poluindo seus sistemas hídricos; alguns conspiram com essas empresas para reprimir seu próprio povo. A maioria dos governos do Primeiro Mundo se recusa até mesmo a considerar leis que responsabilizariam as corporações pela poluição dos sistemas hídricos de países pobres.

As Nações Unidas, a União Européia e o Banco Mundial desenvolveram um plano de recuperação da água para o mundo em desenvolvimento, totalmente desprovido de planos para lidar com rios de esgoto cada vez maiores que matam bacias hidrográficas e costas inteiras. Noventa por cento do esgoto bruto em países pobres (e alguns não tão pobres) ainda é descartado sem tratamento. A maioria das megacidades do Terceiro Mundo também perdem enormes quantidades de água devido a infra-estruturas com vazamentos. No hemisfério sul, mais de 50% da água municipal se perde em sistemas com defeito.

Nem a maior parte dos países ricos está preparada para cancelar ou, pelo menos, renegociar a dívida do hemisfério sul em relação ao hemisfério norte para permitir que os governos de países pobres cuidem dessas questões por si mesmos. A cada ano, mais dinheiro vai para o hemisfério norte para pagar a dívida do que para o hemisfério sul na combinação de ajuda e comércio. Nenhum plano sério para aliviar a crise da água pode ignorar a pobreza do hemisfério sul e o papel do pagamento da dívida nesse ciclo.

Além disso, poucos países do mundo estão se opondo às práticas agrícolas prejudiciais e predominantes que agravam drasticamente a crise.

Fazendas industriais de grande escala geram uma quantidade estarrecedora de estrume e fazem uso intenso de antibióticos, fertilizantes com nitrogênio e pesticidas, e todos eles acabam indo parar nas reservas de água. A irrigação por enchente, usada em muitas partes do mundo, desperdiça quantidades enormes de água. (Na China, cerca de 80% da água usada na irrigação por enchente — a principal forma de irrigação nesse país — se perde na evaporação.) A irrigação por enchente também leva à desertificação, pois esgota o solo, que, então, é carregado pelo vento. Ainda assim, não apenas os países ricos estão dedicados à agricultura industrial, mas também o Banco Mundial e a Organização Mundial do Comércio promovem esse modelo nos países em desenvolvimento.

Nem essas instituições internacionais nem os países poderosos por trás delas, cegos por sua fé incondicional na economia de mercado, começaram a questionar seriamente o uso indevido e exagerado da água pelas indústrias. Embora normalmente se entenda que a agricultura é a maior usuária de água do mundo, isso está mudando. Em países industrializados, a indústria agora é responsável por 59% da extração total de água, e a indústria está ganhando rapidamente o título de violadora da água também nos países em desenvolvimento. A Índia, por exemplo, triplicará o uso de água para a indústria na próxima década. À medida que países como China, Índia, Malásia e Brasil experimentam a industrialização em um ritmo sem precedentes, o uso e o abuso da água estão crescendo exponencialmente. Ainda assim, poucos líderes políticos têm a coragem ou a perspicácia de questionar esse modelo de desenvolvimento.

A cada dia, o fracasso de nossos líderes políticos em lidar com a crise global da água se torna mais evidente. A cada dia, a necessidade de um plano abrangente para a crise da água se torna mais urgente. Se algum dia houve um momento para que todos os governos e instituições internacionais se unissem para encontrar uma solução coletiva para essa emergência, esse momento é agora. Se algum dia houve uma época ideal para um plano de conservação e justiça da água para lidar com a dupla crise da água — escassez e injustiça —, esse momento é agora. Não falta ao mundo o conhecimento sobre como construir um futuro com garantia de água; o que falta é vontade política.

Mas nossos líderes políticos não estão apenas seguindo as falsas promessas de uma rápida solução tecnológica, mas também estão abrindo mão da verdadeira tomada de decisão sobre o futuro dos suprimentos de água do mundo, que se esgotam em prol de um grupo de interesses privados e de corporações transnacionais que vêem a crise como uma oportunidade de fazer dinheiro e obter poder. Como veremos, esses grandes atores sabem onde a água está. Eles simplesmente seguem o dinheiro.

Capítulo 2

# Armando o Cenário para o Controle Corporativo da Água

*"Ei, maasai, você acha que a privatização vai mudar a situação econômica deste país?"*
*"Sim! Ainda temos nosso país, e ele está estagnado. – Se não houver capital, morreremos de fome! – E existem pessoas com capital no mundo, e são muitas! – É melhor chamá-las e obter os benefícios." Coro: "Precisamos de dinheiro..."*

Ebbo, guerreiro maasai e rapper da Tanzânia,
co-escrito e produzido pelo
Adam Smith Institute e pelo Banco Mundial.

Embora o pleno conhecimento da extensão da crise global da água e sua documentação sejam recentes — e, no momento, estão apenas começando a permear a consciência de massa —, um setor está de olho nos parcos recursos hídricos mundiais há décadas e está expandindo silenciosamente seus domínios para todos os aspectos da água. O que o setor privado entende é que, em um mundo que está ficando sem água limpa, aquele que controlá-la será poderoso e rico.

A água, é claro, tem sido tradicionalmente vista como um recurso público. No entanto, cada vez mais os suprimentos de água doce estão sendo privatizados de várias maneiras diferentes, enquanto uma poderosa indústria da água se movimenta para criar um cartel semelhante ao que atualmente controla todas as facetas da energia, desde a exploração e a produção até a distribuição.

Empresas de água privadas e com fins lucrativos agora fornecem serviços municipais de água em muitas partes do mundo; colocam enormes quantidades de água doce em garrafas para vendê-las; controlam grande parte da água usada na agropecuária, mineração, produção de energia, indústrias de computadores, carros e outras indústrias que usam muita água; possuem e administram grande parte das represas, dutos, nanotecnologia, sistemas de purificação de água e usinas de dessalinização que os governos estão buscando como panacéia tecnológica para a escassez da água; fornecem tecnologias de infra-estrutura para substituir os ultrapassados serviços municipais de água; controlam o comércio de água virtual; compram direitos de água subterrânea e bacias hidrográficas inteiras para possuir grandes quantidades de estoque de água; e negociam ações em um setor criado para aumentar drasticamente seus lucros nos anos por vir.

Todos esses acontecimentos são razoavelmente recentes. Há trinta anos, apenas uma pequena elite bebia água "mineral" engarrafada. As tecnologias hídricas estavam no início. Os dutos de água para desvio em massa eram quase inexistentes. A maioria dos serviços hídricos do mundo industrializado era (e ainda é) fornecida por concessionárias públicas, enquanto uma quantidade enorme de pessoas no hemisfério sul ainda morava em comunidades rurais, usando rios, lagos e poços locais para obter água. Ninguém poderia imaginar uma época em que a água custaria mais que a gasolina ou seria negociada por meio de ações no mercado financeiro.

No hemisfério norte, o fornecimento público de água ajudou a criar a estabilidade política e a igualdade econômica necessárias aos grandes avanços da era industrial. Durante o final do século XIX e o início do XX, os países industrializados da Europa e da América do Norte, bem como a Austrália (e, posteriormente, o Japão), adotaram serviços públicos universais de água e saneamento para proteger a saúde pública e promover o desenvolvimento econômico nacional. Os sistemas públicos permitiam que os municípios pegassem empréstimos de longo prazo com taxas menores do que as disponíveis para empresas privadas, o que, por sua vez, lhes permitia ampliar os serviços hídricos à medida que as comunidades cresciam. Com poucas exceções, esses países ainda fornecem sistemas hídricos públicos, dos quais têm muito orgulho.

A França foi uma exceção notável. Desde o final do século XIX, o país estimulou a criação de uma indústria privada de água cujos principais operadores — Lyonnaise des Eaux, que depois se tornou Suez, e General des Eaux, que depois se tornou Vivendi e, posteriormente, Veolia — estavam perfeitamente preparados para aproveitar o impulso da privatização da água e logo se tornariam as mais poderosas corporações transnacionais de água no mundo. Mas, como observa o órgão Public Services International, mesmo na França, o custo de construir e ampliar redes de água e saneamento era pago por meio de financiamento público.

A história no hemisfério sul foi bem diferente. Distintamente do hemisfério norte, os serviços eram atrasados na África, na Ásia e na América Latina, onde um legado colonial havia criado serviços hídricos urbanos apenas para a elite. Como conseqüência, milhares de habitantes urbanos pobres não tinham acesso à água ou ao saneamento, o que levou a terríveis epidemias de doenças. Isso foi agravado nos últimos trinta anos, com o êxodo de comunidades rurais para as crescentes megalópoles dos países em desenvolvimento. Esse êxodo, combinado com a crescente poluição das águas de superfície, criou novas demandas por serviços hídricos — demandas que não podiam ser atendidas por governos mutilados pelo aumento da pobreza e das dívidas.

No início dos anos de 1980, ficou claro que estava surgindo uma crise de grandes proporções. Em resposta a ela, a ONU declarou que a década de 1980 seria a International Drinking Water Supply and Sanitation Decade e estabeleceu metas para o fornecimento de água para o hemisfério sul, originalmente baseada no modelo público do hemisfério norte. No entanto, ao final daquela década, um modelo público para o mundo em desenvolvimento foi abandonado em prol de um modelo privado que, não por coincidência, beneficiaria as empresas privadas de água da Europa. Isso não foi um acontecimento casual. O modelo privado para o hemisfério sul foi planejado e executado por algumas das forças mais poderosas do mundo.

## A Privatização da Água É Imposta ao Hemisfério Sul

A mudança de um modelo público para um modelo privado nos serviços hídricos pode ser rastreada até o surgimento de uma ideologia neoliberal baseada no mercado, inicialmente manifesta na Inglaterra de Margaret Thatcher e posteriormente adotada por Ronald Reagan, nos Estados Unidos, como um importante componente da guerra contra o comunismo. No final dos anos de 1970, o cenário estava preparado para o surgimento de um regime global baseado na crença de que a economia liberal de mercado constitui a única opção para o mundo todo, incluindo os países em desenvolvimento. Os governos do hemisfério norte começaram a abrir mão do controle de investimentos estrangeiros, liberar o comércio, desregulamentar suas economias internas, privatizar os serviços estatais e entrar na concorrência acirrada. Em breve, o Consenso de Washington tornou-se o mantra orientador da elite que administra as instituições globais envolvidas no desenvolvimento da água, incluindo o Banco Mundial, o Fundo Monetário Internacional e até mesmo as Nações Unidas.

Em 1989, Thatcher privatizou as empresas públicas regionais de água, que foram vendidas a empresas privadas por preços de barganha. Como explica Ann-Christin Holland em seu livro *The Water Business*, essas vendas incluíram grandes propriedades com patrimônios culturais e naturais significativos. Na verdade, as empresas privadas se tornaram proprietárias de toda a infra-estrutura, incluindo os prédios. Elas receberam licenças para administrar os sistemas hídricos sem concorrência por 25 anos, bem como liberdade para cobrar o que quisessem, demitir empregados e obter o máximo de lucro possível.

Milhares de trabalhadores foram demitidos, as tarifas de água subiram e os lucros brutos (antes dos impostos) aumentaram 147% na primeira década da privatização. A água de milhões de pessoas era cortada quando elas não conseguiam pagar as contas, uma prática que Tony Blair extinguiu quando chegou ao poder em 1997. (No entanto, em janeiro de 2007, o governo britânico anunciou que criaria a medição obrigatória da água nas áreas do país que apresentassem estresse hídrico. As novas regras afetarão 19 milhões de pessoas.)

Apesar dos evidentes fracassos da privatização da água na Inglaterra, esse foi o modelo — não o modelo mais bem-sucedido de fornecimento público arraigado na maior parte do hemisfério norte — exportado para os países em desenvolvimento do hemisfério sul. Ao assumir a liderança na privatização da água, Thatcher também ajudou a criar várias outras empresas privadas de água que seriam preparadas, junto com a Suez e a Veolia, para entrar no mercado privado internacional. A mais notável foi a Thames Water, comprada pela gigante alemã de energia RWE em 2002 e que se tornou RWE Thames, a terceira maior corporação de água do mundo.

Antes disso, durante a década de 1980, o Banco Mundial começou a abandonar sua política de desenvolvimento nacional no hemisfério sul em prol de uma nova política de desenvolvimento projetada para obrigar os países pobres a adotarem o modelo econômico do Consenso de Washington. A maioria desses países havia pegado dinheiro emprestado a taxas de juros baixas, mas acabou não conseguindo cumprir o cronograma de pagamento da dívida quando as taxas de juros aumentaram. O Banco Mundial concordou em renegociar os empréstimos com a condição de que os países passassem por Programas de Ajuste Estrutural que exigiam a venda de empresas e concessionárias públicas e a privatização de serviços públicos essenciais, como saúde, educação, eletricidade e transportes. (Apesar dos sacrifícios monumentais, a dívida do Terceiro Mundo cresceu 400% desde 1980.)

Era apenas uma questão de tempo até que os serviços de água e saneamento fossem alvo da privatização. No início dos anos de 1990, o Banco Mundial, o Fundo Monetário Internacional e outros bancos de desenvolvimento regionais, incluindo o Banco de Desenvolvimento da Ásia, o Banco Africano de Desenvolvimento e o Banco Interamericano de Desenvolvimento, estavam estimulando os países pobres a permitirem que as corporações européias de água administrassem seus sistemas hídricos para gerar lucro. A capacidade de um país para escolher entre sistemas hídricos públicos ou privados foi constantemente desgastada e, em 2006, a maioria dos empréstimos para a água eram condicionados à privatização. Em quinze anos, registra o órgão Public Services International, houve um aumento de 800% nos usuários de serviços hídricos africanos, asiáticos e latino-americanos que compram água de empresas transnacionais.

### Por dentro do Banco Mundial

Os países desenvolvidos controlam o Banco Mundial e têm poder de voto proporcional ao valor que investem no banco. Dessa maneira, os Estados Unidos (seguidos de Japão, Alemanha, Reino Unido e França) dominam as decisões sobre quem recebe os cerca de US$ 20 bilhões ao ano emprestados a países pobres e sobre as condições que eles devem concordar em cumprir para receber esse dinheiro. Os fundos destinados à água e ao saneamento chegam a US$ 3 bilhões ao ano. O Banco Mundial usa seu poder para abrir mercados para corporações do hemisfério norte no hemisfério sul. Um dos Artigos do Acordo do Banco Mundial chega a declarar que um dos objetivos principais é o desenvolvimento dos investimentos privados. (Um alto funcionário do Tesouro americano, certa vez, disse ao Congresso, contando vantagem, que para cada dólar que os Estados Unidos investiam no Banco Mundial, as corporações americanas recebiam de volta US$ 1,30 em contratos.)

Embora tenha promovido a privatização da água como opção muitos anos antes de 1993, naquele ano, o Banco Mundial adotou o documento normativo *Water Resources Management*, que comentava a "má vontade" dos pobres em pagar por serviços hídricos e declarava que a água deveria ser tratada como uma commodity econômica, com ênfase na eficiência, na disciplina financeira e na recuperação total dos custos. (Esse princípio diz que as corporações podem estabelecer preços altos o suficiente para a água não apenas para recuperar o custo de seu investimento, mas para gerar lucro para seus investidores.) Cada vez mais, os empréstimos para projetos públicos eram rejeitados em prol de um modelo privado; entre 1990 e 2006, o Banco Mundial financiou mais de 300 projetos privados de água nos países em desenvolvimento.

Existem três tipos básicos de privatização dos serviços hídricos públicos.

Os contratos de *concessão* dão a uma empresa privada licença para administrar o sistema hídrico e cobrar dos clientes para obter lucro. A empresa privada é responsável por todos os investimentos, incluindo construir novas tubulações e encanamentos de esgoto para conectar os lares. O modelo britânico de privatização é um tipo de concessão (embora, nesse caso, o sistema completo tenha sido vendido através do mercado público de ações). A Índia pratica uma forma extrema de concessão na qual sistemas fluviais inteiros foram arrendados às empresas que os administram para obter lucro sem interferência do governo. Os contratos de *leasing* são aqueles em que a empresa é responsável por administrar o sistema de distribuição e por fazer os investimentos necessários para reparar e renovar os patrimônios existentes, mas o governo local continua responsável por novos investimentos. Os contratos de *administração* tornam a empresa privada responsável apenas por administrar o serviço hídrico, mas não pelos investimentos.

Como observa o Movimento pelo Desenvolvimento Mundial, o Banco Mundial usa o termo *privatização* apenas para se referir à alienação total de patrimônios públicos, preferindo os termos com menor carga política — *participação do setor privado* ou *parcerias público-privado* — para descrever seus projetos mais atuais, cuja maioria é composta de contratos de leasing ou de administração. A idéia de uma parceria abrange o círculo de democracia e responsabilidade compartilhada. Mas todos esses contratos deveriam ser considerados privatizações, porque todos envolvem lucros para as empresas privadas e interrupções de fornecimento para pessoas que não conseguem pagar pelo "produto". Da mesma forma, o governo e os "parceiros" da comunidade — ou seja, as pessoas que moram nas comunidades em questão — não têm alternativa se a suposta parceria fracassar. Mas o parceiro corporativo pode (e, normalmente, o faz) sair da parceria se os lucros secarem.

O Banco Mundial promove o desenvolvimento de serviços hídricos privados no hemisfério sul através de várias de suas agências: o Banco Internacional para a Reconstrução e o Desenvolvimento (BIRD) e a Associação Internacional de Desenvolvimento (AID), que emprestam dinheiro a países pobres (e empréstimos vantajosos para os mais pobres) com base na condição de que os países adotem um modelo de fornecimento privado de água; a International Finance Corporation e a Agência Multilateral de Garantia ao Investimento (MIGA), que estimulam os investidores privados do setor hídrico em países pobres e, no caso da última, protege os investidores contra riscos de todo tipo, incluindo resistência política local; e o Centro Internacional de Resolução de Disputas sobre Investimentos (ICSID), um tribunal de arbitragem usado pelas empresas de água para processar os governos que tentam romper os contratos. (De acordo com um relatório de abril de 2007 da Food and Water Watch, *Challenging Corporate Investor Rule*, aproximadamente 70% dos casos do ICSID são resolvidos em prol do investidor, sendo cobrada uma indenização do país no qual o investimento fracassou. Em pelo menos sete casos, a receita dos investidores era maior que o produto interno bruto do país que estavam processando.)

Através desses diferentes mecanismos, os países são encorajados a adotar um modelo privado de serviços hídricos, com a abordagem típica da "cenoura na vareta" (a cenoura é tanto o perdão da dívida quanto o próprio financiamento; e a vareta é a ameaça velada de retirada do auxílio). Em muitos casos, os acordos feitos entre o Banco Mundial, a corporação da água e o país em questão são completamente confidenciais, e os termos do acordo não são acessíveis aos cidadãos. Cada vez mais, ao longo da década de 1990, a ênfase é na recuperação total dos custos da empresa. Em 2003, registrou o Public Citizen, 99% dos empréstimos favoreciam a recuperação total dos custos para as empresas privadas.

A privatização da água também se tornou um componente fundamental dos Poverty Reduction Strategy Papers (PRSPs) do Banco Mundial, o principal veículo de estratégia e implementação usado para alcançar os Objetivos de Desenvolvimento do Milênio da ONU e os acordos estruturais através dos quais os países em desenvolvimento recebem ajuda internacional. Os países pobres devem preencher um PRSP para receber o perdão da dívida através da Heavily Indebted Poor Country Iniciative, que normalmente assume a forma de concordar com a adoção de reformas neoliberais do mercado e com a promessa de não usar o dinheiro do auxílio para reduzir a pobreza ou para serviços públicos como saúde, educação ou fornecimento de água. Através dos PRSPs, os países concordam em promover o crescimento econômico através de políticas macroeconômicas e injeções de investimento estrangeiro direto, bem como a venda de empresas e concessionárias de propriedade do estado. O Movimento pelo Desenvolvimento Mundial estudou os cinqüenta PRSPs assinados pelo Banco Mundial no primeiro semestre de 2005 e descobriu que 90% dos países prometeram maior privatização em geral e 62% prometeram especificamente a privatização da água. (Os bancos de desenvolvimento regionais, como o Banco Interamericano de Desenvolvimento, o Banco de Desenvolvimento da Ásia e o Banco Africano de Desenvolvimento seguem os mesmos tipos de políticas e promovem a privatização da água de modo bem semelhante ao do Banco Mundial.)

## O Banco Mundial Fabrica o Consenso Global sobre a Privatização

O modo como o Banco Mundial e outras instituições financeiras globais conseguiram impor esse novo modelo de fornecimento de água no hemisfério sul é uma história importante. Não passou despercebido nos países pobres que a maioria dos países do hemisfério norte por trás do Banco Mundial ainda estavam agarrados aos estimados serviços hídricos públicos e não tinham qualquer intenção de abrir mão deles. Da mesma forma, a maioria dos países pobres já tivera experiências terríveis com políticas de ajuste estrutural e a obrigatoriedade de abandonar programas de saúde e educação públicas, por exemplo. Vender com sucesso a privatização indiscriminada para uma população que sofria uma terrível escassez de água exigia um plano altamente orquestrado que envolvesse pessoalmente a elite dos países almejados.

O sociólogo Michael Goldman, da University of Minnesota, analisou como o Banco Mundial e as grandes empresas de água decidiram promover uma grande mudança na política da água ao longo de um período relativamente curto, buscando ativamente a adesão de organizações não-governamentais (ONGs), de núcleos de idéias (*think tanks*), de agências públicas, da mídia e do setor privado tanto no hemisfério norte quanto no sul. Através de seu Water Policy Capacity Building Program, o Instituto do Banco Mundial (o órgão de "desenvolvimento de capacidades" do banco que promove os valores e os programas do banco através da educação e de doações aos necessitados) colocou milhares de parlamentares, legisladores, especialistas técnicos, jornalistas, professores, estudantes, líderes da sociedade civil e elites do Terceiro Mundo em programas intensivos sobre administração privada da água; esses "especialistas", então, voltaram para casa com o objetivo de promover um modelo privado de fornecimento de água em seus governos. (É importante observar que a globalização econômica criou uma classe de "Primeiro Mundo" nos países em desenvolvimento, bem como uma classe de "Terceiro Mundo" nos países desenvolvidos, que costuma ter mais em comum com suas classes em outras partes do mundo do que com seus concidadãos.)

Uma grande quantidade de trabalho, dinheiro e planejamento foi direcionada à aquisição do "consentimento fabricado" da classe dominante global em relação à privatização da água. De modo bem simples, diz Goldman, desde meados da década de 1990, em nome da mitigação da pobreza, a privatização da água se tornou um projeto verde neoliberal importante para o Banco Mundial, que cultivou "redes elitistas transnacionais de políticas da água" com o objetivo de criar a imagem de um consenso mundial quanto ao futuro privado da água. Os membros bem financiados e bem posicionados dessa rede elitista ocuparam cada espaço político, pois, afinal, pergunta Goldman, quem pode pagar para participar de dispendiosos fóruns globais, mostrar dados globais confiáveis e participar das poderosas mesas-redondas que tratam da questão da água?

O consenso: dívida e pobreza não são problema. O principal problema com os serviços hídricos degenerados no Terceiro Mundo são os governos ineficazes e corruptos, cujo fracasso na defesa da água, como reflexo de seu verdadeiro custo, levou a uma cultura de desperdício entre as massas. Os pobres não têm acesso à água por causa dos governos irresponsáveis, repete o refrão; o Banco Mundial e seus companheiros do setor privado estão simplesmente em uma missão ética de mitigação da pobreza, de sustentabilidade ecológica e de justiça social. Na verdade, esses projetos foram apresentados como um socorro financeiro por empresas estrangeiras dispostas a ajudar os órgãos públicos endividados e em apuros a cumprirem as metas do Banco Mundial — corporações desempenhando o papel de instituições de caridade que oferecem assistência, transferências de tecnologia e conhecimento. (No entanto, esse apelo altruísta mudou, em 2003, devido à enorme resistência local à presença dessas corporações em comunidades de todo o mundo. Agora, as grandes empresas de água estão dizendo aos bancos que, se eles não estiverem protegidos por financiamentos globais garantidos, elas abandonarão grandes partes do hemisfério sul em prol de mercados mais promissores.)

As elites no governo, em empresas privadas e em universidades no hemisfério norte regularmente afirmam que o capitalismo no estilo do hemisfério norte fará pelo hemisfério sul aquilo que seus governos, atolados no desenvolvimento empacado e na corrupção, não podem fazer. Cobertos por essa capa de arrogância, o Banco Mundial pode recusar, com a consciência limpa, as demandas dos países pobres quando eles buscam financiamento para serviços hídricos públicos, e não privados. Quando a persuasão falha, existe a vareta da condicionalidade: aceite uma das grandes corporações da água ou fique sem financiamento.

### *Organização das Nações Unidas*
Para serem verdadeiramente bem-sucedidos na promoção da privatização da água no hemisfério sul, o Banco Mundial e as grandes empresas de água tiveram de angariar o apoio da Organização das Nações Unidas e constituir instituições globais formais para promover seus interesses. Em uma importante conferência da ONU em Dublin em janeiro de 1992, freqüentada por altos funcionários dos governos e de ONGs de 100 países, foi declarado que a água tem "valor econômico" em todos os seus "usos concorrentes" e deve ser reconhecida como um "bem econômico". A água estava sendo desperdiçada porque as pessoas não tinham de pagar por ela, concordaram os participantes da conferência, e, portanto, era necessário cobrar algum tipo de tarifa para controlar esse desperdício. Não houve reconhecimento oficial para o fato de que, no hemisfério norte, o desperdício de água é desenfreado, em comparação com o hemisfério sul. Ainda assim, tanto a crítica quanto as novas regras de preço eram claramente voltadas para o hemisfério sul. Essa foi a primeira vez em que a água foi descrita como bem econômico em qualquer fórum ou publicação da ONU. Mas não seria a última.

Desde a conferência em Dublin, a Organização das Nações Unidas, sob o comando do ex-secretário-geral Kofi Annan, promoveu de diversas maneiras o envolvimento do setor privado nos serviços hídricos. Tanto a Suez quanto a Veolia são membros fundadores do Pacto Global das Nações Unidas, uma iniciativa para encorajar as corporações a adotarem padrões voluntários para questões de direitos humanos e ambientais. O pacto foi amplamente criticado como "lavagem azul" por dar aprovação da ONU a empresas com problemas de relações públicas devido a sérias violações nessas áreas, como a Shell Oil e a Nike. No lançamento do pacto, em julho de 2000, Annan solicitou novamente à ONU que apoiasse o "livre comércio e os mercados globais abertos" e admitiu para os repórteres que a ONU não tinha como obrigar o cumprimento de padrões.

A Veolia e a Suez financiaram uma conferência da UNESCO em outubro de 2002 acerca de estruturas jurídicas para a água, que resultou em um relatório com o logotipo da ONU e das duas corporações da água. Nesse mesmo ano, a Suez doou US$ 400 mil para o instituto de pesquisas da água da UNESCO, localizado na Delft University of Technology, na Holanda, em parte para pagar pelo financiamento de uma disciplina profissional sobre as parcerias público-privado. O dinheiro proporcionou a Suez uma influência direta sobre o projeto de currículo e um alto nível de envolvimento nas disciplinas do programa de proteção da água ensinadas no instituto. A Suez também ajuda a financiar a cátedra de administração de recursos hídricos integrados da UNESCO em Casablanca, Marrocos. Além disso, Gerard Payen, ex-CEO da divisão de água da Suez, atualmente é membro do Conselho Consultivo para Água e Saneamento da ONU. Sendo assim, não deve ser surpresa o fato de que os Objetivos de Desenvolvimento do Milênio da ONU (ODMs), estabelecidos na reunião da Assembléia Geral de setembro de 2000, são um fracasso desde o início, devido ao profundo envolvimento das empresas transnacionais de água. O item dos ODMs que trata da água doce — especificamente, reduzir pela metade a proporção de pessoas que vivem sem saneamento e fornecer água potável descontaminada até 2015 — hoje está mais distante que nunca.

### *Organização Mundial do Comércio*
A Organização Mundial do Comércio (OMC) foi criada em 1995 para administrar inúmeros acordos comerciais internacionais que envolviam bens, alimentos, patentes, direitos de propriedade intelectual e serviços. Ela representa uma extensa série de papéis que têm por objetivo limitar o poder dos governos e aumentar as oportunidades de comércio transnacional. De acordo com as regras de um desses acordos — o Acordo Geral sobre Tarifas Aduaneiras e Comércio (GATT) —, a água é incluída como "bem" e, como tal, está sujeita ao modelo que proíbe o uso de controles de exportação para quaisquer objetivos e elimina restrições quantitativas sobre importações e

exportações. Em termos práticos, isso significa que, depois que um país inicia exportações comerciais de água, não pode mudar de idéia com base em preocupações ambientais e restringir o fluxo de água que sai de seu território. Isso será muito útil para os setores comerciais que envolvem exportação de água e construção de dutos.

Além disso, a OMC iniciou um ambicioso novo acordo, chamado Acordo Geral sobre o Comércio de Serviços (GATS), cuja intenção explícita é liberar todos os setores de serviços em todos os países membros da OMC para permitir a concorrência privada em setores antes controlados exclusivamente pelos governos. Dezenas de tipos de serviços hídricos já fazem parte do GATS, incluindo serviços ambientais, tratamento de água residual, sistemas de purificação, construção de dutos de água, avaliação de água subterrânea, irrigação e serviços de transporte de água, para nomear alguns. Os governos não podem mais manter essas áreas sob o controle do setor público nem favorecer a prestação desses serviços sem fins lucrativos. As corporações que atuam nesses setores também são auxiliadas pelo processo de Smart Regulation da OMC para criar um conjunto de padrões regulatórios globais para todas as transações comerciais. A OMC diz que Smart significa Específico, Mensurável, Alcançável, Realista e Oportuno (em inglês, Specific, Measurable, Attainable, Realistic and Timely), mas é, na verdade, uma iniciativa para criar um "campo de jogo nivelado" para os negócios com o mínimo de barreiras regulatórias e o menor conjunto de padrões em comum.

Uma proposta recente da OMC era acrescentar a água potável ao GATS, o que significaria que qualquer município do mundo que decidisse experimentar um sistema privado de fornecimento de água não teria permissão para mudar de idéia (como muitos fizeram) e voltar a um sistema público de água sem o consentimento unânime de todos os outros 150 países da organização.

### Conselho Empresarial Mundial para o Desenvolvimento Sustentável
O Banco Mundial também precisava de alguns aliados empresariais poderosos, além das empresas de água. O Conselho Empresarial Mundial para o Desenvolvimento Sustentável (WBCSD), uma rede de lobby corporativo composta de 180 corporações, além de mais de 50 conselhos empresariais nacionais e regionais, tornou-se um importante ator na rede transnacional de políticas da água. Foi formado em 1992 para influenciar o resultado da Cúpula da Terra no Rio, realizada naquele ano, e, fiel a seu manda-

to de impedir tentativas de criação de regras internacionais para transações comerciais globais, conseguiu diluir muitas das resoluções que saíram dessa conferência. Em conjunto com a Câmara Internacional do Comércio, o WBCSD foi bem-sucedido na questão de obter apoio para regulamentações ambientais compulsórias totalmente eliminadas do documento Agenda 21 da reunião de cúpula, dando ênfase em vez disso à "auto-regulamentação" corporativa.

Em 1997, o WBCSD estabeleceu um "grupo de trabalho da água" formal, reunindo corporações dos setores de mineração e metais, petróleo e gás, alimentos e bebidas, financiamento e equipamentos e, além dessas, é claro, serviços hídricos, para influenciar a política global na questão da água. Esse grupo exerceu uma influência importante e destrutiva na Cúpula Mundial sobre Desenvolvimento Sustentável, de 2002, onde lançou um relatório, *Water for the Poor*, que exigia a privatização acelerada dos serviços e a recuperação total dos custos para empresas privadas que fornecessem água. O relatório declara abertamente: "Fornecer serviços hídricos para os pobres representa uma oportunidade de negócio. Novos dutos, bombas, dispositivos de medição e monitoramento, e sistemas de faturamento e manutenção de registros serão necessários para modernizar e expandir a infra-estrutura de água [...] esse programa tem a possibilidade de criar enormes oportunidades de emprego e vendas para empresas grandes e pequenas." Em 2006, o WBCSD publicou uma série de cenários futuros chamados de *Business in the World of Water*, que desafiava as empresas quanto a sua "adequação global no mercado" em um mundo desprovido de água.

### Mecanismo de Aconselhamento em Infra-estrutura Público-privado, Programa de Água e Saneamento e USAID

O Banco Mundial também precisou do apoio de agências de desenvolvimento internacional sediadas em países ricos para orientar seu auxílio no exterior para questões de desenvolvimento da água de acordo com modelos privados. Em 1999, junto com o Banco Mundial, o Departamento de Desenvolvimento Internacional do Reino Unido criou o Mecanismo de Aconselhamento em Infra-estrutura Público-privado (PPIAF) para promover o envolvimento do setor privado no uso de dinheiro de caridade voltado para serviços hídricos e para oferecer consultores para países em desenvolvimento com o objetivo de formar um consenso para a "reforma" da água em seus governos e com o público. Em uma carta antiga ao governo britânico, a nova agência explicou que seu trabalho significaria que os governos também teriam de alterar seu papel, não mais fornecendo serviços hídricos diretamente, mas "dominando o novo negócio de fomento à concorrência entre fornecedores privados, regulamentando quando a concorrência for fraca e apoiando o setor privado em geral". Logo o Japão, o Canadá, a França, a Alemanha, a Itália, a Holanda, a Noruega, a Suécia, a Suíça, os Estados Unidos e o Banco de Desenvolvimento da Ásia se uniram ao Reino Unido nesse projeto, que é organizado e administrado diretamente pelo Banco Mundial. A Áustria e a Austrália estão perto de aderir.

Em um relatório de novembro de 2006, *Dawn the Drain: How Aid for Water' Sector Reform Could Be Better Spent*, duas grandes ONGs — a Association for International Water and Forest Studies (FIVAS), da Noruega; e o Movimento pelo Desenvolvimento Mundial, da Grã-Bretanha — definem o claro papel desempenhado por essa agência ao longo dos últimos 17 anos. O PPIAF financia consultores para aconselhar os governos pobres quanto às mudanças necessárias na legislação nacional, em instituições que criam políticas e em regulamentações de modo a atrair empresas privadas de água e assegurar o apoio do Banco Mundial. Às vezes, os consultores são chamados para resgatar uma operação ruim do setor privado. Muitas vezes, eles são chamados para formar um consenso quanto à necessidade de privatizar os serviços hídricos. No início de 2000, por exemplo, em resposta ao aumento na crítica aos planos de privatização da água, o PPIAF financiou um programa voltado para jornalistas de nove países africanos com o objetivo de "aumentar a cobertura da imprensa em questões relacionadas à água na África e para melhorar a qualidade e a objetividade dessa cobertura".

A FIVAS e o Movimento pelo Desenvolvimento Mundial observam que o trabalho dessa agência — que financiou projetos pró-privatização em 37 países pobres a um custo próximo de US$ 19 milhões — apresenta falhas porque não tem transparência, tem base ideológica, rejeita opções do setor público, reprime divergências legítimas e impõe os interesses das empresas de consultoria e das corporações de água do hemisfério norte sobre o hemisfério sul.

Outra iniciativa do Banco Mundial/Nações Unidas/agência de desenvolvimento no hemisfério norte é o Programa de Água e Saneamento (WSP), que "evoluiu" a partir de uma agência do Programa das Nações Unidas para o Desenvolvimento que fornecia dispositivos de serviços hídricos com pouca tecnologia, como bombas manuais e latrinas, para um parceiro significativo do Banco Mundial que trabalhava com o setor privado para "efetivar as mudanças regulatórias e estruturais necessárias à ampla reforma" no hemisfério sul. O WSP recebeu um enorme empurrão em relações públicas em 2006, quando a Fundação Bill & Melinda Gates fez uma doação de US$ 30 milhões para o programa. O Programa de Água e Saneamento apóia o Water Utility Partnership, que promove parcerias público-privado na questão da água na África e organizou uma série de seminários governamentais para estimular os países africanos a adotarem "maior envolvimento do setor privado no setor hídrico" como pré-condição para o financiamento.

O PPIAF é ligado ao correspondente americano, a U.S. Agency for International Development (USAID), que usa dinheiro de caridade para promover a política estrangeira dos Estados Unidos em países em desenvolvimento e cujo objetivo é expandir a democracia através de mercados livres. A USAID apóia abertamente o fornecimento privado de água no hemisfério sul e está por trás de vários projetos privados na Índia, na América Latina e na África. Em março de 2002, relata a Public Services International, várias empresas privadas de água lançaram uma nova organização africana chamada Partners in Africa for Water and Sanitation especificamente para promover serviços hídricos e de saneamento na África do Sul, na Nigéria e em Uganda. O novo grupo usou um relatório de uma empresa de consultoria americana, PADCO, para convencer os políticos municipais desses países de que a privatização era a melhor opção para eles. O relatório foi financiado pela USAID.

### Parceria Mundial pela Água

Em 1996, duas novas instituições mundiais de água, muito poderosas, foram criadas para consolidar o novo modelo corporativo da água e criar um novo espaço onde todos os membros da rede transnacional de políticas da água pudessem trabalhar juntos. O especialista e ativista italiano da água Riccardo Petrella as chama de novo "alto comando global da água", de tão poderosas que elas se tornaram para ditar a política global da água. A Parceria Mundial pela Água foi formada pelo Banco Mundial, o Programa das Nações Unidas para o Desenvolvimento e a Swedish International Development Cooperation Agency e funciona como órgão centralizador e instrumento para construção de alianças entre os governos, o setor privado e a sociedade civil para promover a preservação da água com base nos princípios de Dublin.

O Banco Mundial, a Organização das Nações Unidas e as agências de desenvolvimento internacional de muitos países do hemisfério norte financiam essa organização, que conta com várias filiais em todo o mundo. A Parceria Mundial pela Água foi fundamental no lançamento do controverso relatório de 2003, *Financing Water for All*, que recomendou o uso de fundos públicos para garantir o lucro das empresas privadas de água que operam em áreas em que estavam encontrando resistência local (veja a seguir).

## Conselho Mundial da Água

O World Water Council (WWC) chama a si mesmo de "núcleo de idéias sobre a política internacional da água", mas é muito, muito mais que isso. Patrocinado pelo Banco Mundial e pela Organização das Nações Unidas, o WWC usa seu poder e seu prestígio para promover o fornecimento privado de água em governos do mundo inteiro. O setor privado de água e outras corporações privadas dominam sua lista de mais de 300 membros. No meio de algumas agências governamentais e ONGs, há associações de corporações e indústrias de vários setores: operadores privados de água, engenharia, construção, hidrelétricas, represas, irrigação, infra-estrutura e tratamento de água residual, dessalinização, bancos de investimento e consultores de relações públicas. Todas as grandes corporações transnacionais da água são associadas, assim como a International Water Association, com 400 sócios corporativos em 130 países. Até mesmo a Price Waterhouse Coopers, gigante global da consultoria administrativa, com 150 mil funcionários em 152 países, é sócia fundadora dessa poderosa organização, tendo entrado recentemente no lucrativo negócio da água.

O motivo: com a proteção da Organização das Nações Unidas e das agências de desenvolvimento dos países industrializados, o setor privado pode promover seus interesses corporativos através do Conselho Mundial da Água, em nome da mitigação da pobreza e do desenvolvimento sustentável — itens que fazem parte das metas declaradas pelo conselho. A realidade é que o Conselho Mundial da Água se tornou, junto com a Parceria Mundial pela Água, um importante veículo para o controle corporativo da água do mundo. Seu presidente, Loïc Fauchon, é presidente do Groupe des Eaux de Marseille, de propriedade da Suez e da Veolia, e seu vice-presidente é René Coulomb, outro diretor sênior da Suez. O Conselho Mundial da Água fez sua primeira reunião em Marrakech, em março de 2000, e patrocina um fórum gigantesco a cada três anos desde então: Haia em março de 2000, Kyoto em março de 2003 e Cidade do México em março de 2006, todas com presença maciça das corporações da água. O próximo fórum está agendado para Istambul em março de 2009.

## AquaFed

Um ator recente na rede elitista transnacional de políticas da água é a AquaFed, a Federação Internacional de Operadores Privados de Água, um novo grupo de lobby iniciado pelas grandes concessionárias de água da Europa. Ela foi fundada em outubro de 2005 "para conectar organizações internacionais", como as Nações Unidas, o Banco Mundial e a União Européia "com fornecedores do setor privado de serviços hídricos e de água residual". A AquaFed agora tem mais de 200 sócios empresariais de serviços hídricos e de água residual em 30 países, incluindo a Suez, a Veolia e a United Water, bem como várias associações nacionais de operadores de água, inclui o Water Partnership Council, sediado nos Estados Unidos. O presidente da AquaFed é Gerard Payen, ex-presidente da divisão de água da Suez. Jack Moss, conselheiro sênior de água na Suez, representa a AquaFed em reuniões internacionais.

A AquaFed afirma que, "até agora, os operadores privados de água como um todo não estão representados em nível internacional" — uma afirmação estranha, dada a proeminência dessas corporações no Conselho Mundial da Água e no Conselho Empresarial Mundial para o Desenvolvimento Sustentável, citando apenas duas outras redes. No entanto, como observam David Hall, da Unidade de Pesquisa da Public Services International, e Olivier Hoedeman, do Corporate Europe Observatory, a privatização da água tem recebido intenso escrutínio e censura nos últimos anos, e as corporações provavelmente estão buscando um modo mais direto de impor seus interesses do que o Conselho Mundial da Água, que também tem representantes do governo. A AquaFed tem dois escritórios — um bem em frente à sede da União Européia, em Bruxelas, e outro no coração de Paris. A escolha dos locais dos escritórios não foi acidental; este grupo de lobby quer aprofundar os laços já apertados entre os políticos e burocratas da União Européia, que têm estado sob crescente pressão para abandonar sua posição pró-privatização, e o setor.

## Organizações Não-Governamentais

O último setor desta rede elitista conta com várias organizações não-governamentais ambientais proeminentes que trabalham dentro das instituições globais estabelecidas, incluindo o Banco Mundial e o Conselho Mundial da Água. Incluem: a WaterAid, altamente influente, com sede em Londres e fundada pelas empresas de água britânicas, que fornece serviços hídricos na África e na Ásia; a Freshwater Action Network (FAN), rede global de grupos ambientais e comunitários que agora exploram o "diálogo" entre a sociedade civil e o Banco Mundial; o Fundo Mundial para a Natureza (WWF), um dos maiores grupos de conservação do mundo; e a Green Cross International, organização ambiental e educacional liderada por Mikhail Gorbachev, que trabalha com o Conselho Mundial da Água para promover uma convenção da Organização das Nações Unidas sobre o direito à água que endossaria o financiamento privado para projetos hídricos.

Existe um diálogo constante na comunidade de ONGs sobre a decisão de trabalhar ou não dentro dessas instituições financeiras globais. Muitos membros da sociedade civil, especialmente grupos nativos no hemisfério sul que lutam contra as grandes empresas de água, consideram que qualquer diálogo com o Banco Mundial e o Conselho Mundial da Água é, na melhor das hipóteses, perda de tempo e, na pior, uma traição. As ONGs que trabalham dentro do sistema explicam seu relacionamento de trabalho com o Banco Mundial e o Conselho Mundial da Água como um modo prático de influenciar as políticas e o pensamento dessas instituições, ao mesmo tempo em que trabalham em prol dos mesmos objetivos dos grupos da sociedade civil que batalham do lado de fora dessas esferas de influência. Deve-se observar que várias dessas organizações, especialmente a WaterAid, estão cada vez mais críticas em relação ao Banco Mundial e suas políticas pró-privatização.

## O Consenso nas Políticas da Água É Moldado em Gigantescos Fóruns Globais

Desde 2000, o Conselho Mundial da Água, a Organização das Nações Unidas e o Banco Mundial patrocinaram uma série de reuniões de cúpula internacionais de alto nível, cujo propósito é ser neutra em termos de perspectiva ideológica e aberta a todos os *stakeholders*, mas que, na verdade, são projetadas para assegurar o consenso sobre os benefícios da privatização. O importante é que cada uma dessas reuniões de cúpula organizou uma Conferência Ministerial, com representantes seniores dos governos de muitos países que participaram para avaliar a opinião global sobre a política da água e levar essa avaliação para os legisladores de seus países.

### Segundo Fórum Mundial da Água — Haia, março de 2000

Cerca de seis mil pessoas de todo o mundo participaram do Fórum Mundial da Água em Haia em março de 2000, bem como 500 jornalistas e representantes do governo de 130 países. Atraídos por tópicos que variavam da igualdade de gêneros no acesso à água até a preservação da integridade de bacias hidrográficas, milhares de representantes de comunidades locais acreditaram que fariam parte de um verdadeiro diálogo sobre a crise mundial da água. Em vez disso, eles encontraram uma agenda muito controlada com painéis realizados em enormes auditórios que enalteciam as parcerias público-privado e palestrantes apenas das principais corporações da água, incluindo a Suez e a Vivendi (predecessora da Veolia), as principais empresas de água engarrafada, incluindo a Nestlé, e o Banco Mundial. Nenhuma organização da sociedade civil recebeu destaque no palco ou fora dele, e todas as divergências foram contidas.

Foi em Haia que a Comissão Mundial da Água para o Século XXI, estabelecida dois anos antes pelo Conselho Mundial da Água e o Banco Mundial, lançou seu famoso *World Water Vision: A Water Secure World*, que fez o prognóstico — hoje já totalmente desacreditado — de um aumento de 620% nos investimentos do setor privado em água ao longo de um período de 30 anos, um valor que seria três vezes maior que o investimento público. Devido ao conjunto de delegados, que incluía lsmail Serageldin, do Banco Mundial, Enrique V. Iglesias, do Banco Interamericano de Desenvolvimento, e Jerome Monod, presidente da Suez, não foi de surpreender que a "visão" concluiu que os "consumidores" do Terceiro Mundo tinham de começar a pagar pela água e que, nos locais onde o governo não conseguisse pagar pela infra-estrutura necessária, o setor privado seria estimulado. Além disso, a Comissão Mundial recomendou — pela primeira vez em um documento oficial relacionado à Organização das Nações Unidas — um preço acima dos custos pelos serviços hídricos, o que significava que os consumidores teriam de pagar não apenas pelo custo da água, mas o suficiente para que os "investidores" recuperassem o lucro.

O Fórum Mundial da Água, em sua declaração final, se recusou a reconhecer a água como um direito humano, sustentando, em vez disso, que ela é uma "necessidade humana", fornecida com a mesma facilidade por empresas privadas e governos.

### *Cúpula Mundial sobre Desenvolvimento Sustentável — Johannesburgo, agosto de 2002*

O Conselho Mundial da Água e o Conselho Empresarial Mundial para o Desenvolvimento Sustentável foram os protagonistas da maior cúpula sobre água — a Cúpula Mundial sobre Desenvolvimento Sustentável das Nações Unidas — "Rio + 10" — realizada em Johannesburgo, África do Sul, no final do verão de 2002. (Embora vários assuntos, como segurança de alimentos, pobreza e meio ambiente, estivessem na agenda, a água e o saneamento — e suas acompanhantes, as oportunidades de lucro — foram os que dominaram essa cúpula.) Sessenta e cinco mil delegados e observadores de governos, instituições internacionais, ONGs e empresas, além de milhares de jornalistas, se reuniram para avaliar o sucesso ou o fracasso da primeira Cúpula da Terra e delinear o projeto do trabalho por vir. No entanto, a WSSD ficou totalmente presa aos interesses das corporações transnacionais e é geralmente reconhecida por todos, menos a comunidade das grandes empresas, como um fracasso total.

Ficou claro que a cúpula era um espetáculo feito por e para corporações assim que os delegados chegaram ao aeroporto e viram um gigantesco outdoor da De Beers que dizia "A água é para sempre", uma evidente brincadeira com a campanha publicitária "Diamantes são para sempre". A De Beers era um dos patrocinadores corporativos oficiais da cúpula, que custou US$ 75 milhões, assim como a Coca-Cola, o McDonald's e a BMW. Mais de cem CEOs e 700 delegados comerciais de mais de 200 grandes corporações participaram da cúpula, inundando os delegados com panfletos brilhantes elogiando a recém-descoberta ética da "responsabilidade corporativa". A cúpula foi realizada em Sandton, o bairro mais restrito de toda a África e seu coração financeiro, com fulgurantes torres de escritórios, hotéis cinco estrelas e uma vida noturna reluzente com bares e restaurantes luxuosos. Do outro lado de um pequeno rio (coberto de avisos de alerta de cólera) em Sandton encontra-se o distrito de Alexandra, uma das favelas mais pobres da África, onde as crianças vasculham o lixo em busca de alimentos e fazem fila em canos imundos para obter água.

Para chegar ao local da convenção, os delegados tinham de atravessar um enorme shopping center com uma praça no centro, onde a BMW colocou uma gigantesca "bolha de sustentabilidade" movida a hidrogênio. Uma reportagem para um jornal on-line relatou que os delegados VIP hospedados em apenas um dos muitos hotéis cinco estrelas tiveram acesso a 80 mil garrafas de água, 5 mil ostras, mais de 373 quilos de lagostas, 820 quilos de carne de primeira, 820 quilos de peito de frango, 165 quilos de salmão, 410 quilos de bacon e lingüiças e 82 quilos de um saboroso peixe sul-africano chamado congro-rosa. O preço de US$ 1.100 a diária de uma suíte nesse hotel equivale a dez vezes o salário médio mensal em Johannesburgo.

Todas as grandes empresas de água sobressaíram na WSSD, tanto como membros das delegações governamentais européias oficiais quanto em uma gigantesca feira comercial chamada WaterDome que elas patrocinaram para anunciar suas operações e promover novas oportunidades de negócio. (Na abertura de gala da WaterDome, apresentada por Nelson Mandela e pelo Príncipe de Orange, jovens vestidos como gotas de água — ou lágrimas — adejavam de um estande corporativo a outro para oferecer o requisito elemento "cultural".) As empresas de água queriam ganhar dinheiro com os contratos lucrativos que surgiriam se a cúpula aprovasse as parcerias público-privado como principal modelo de fornecimento para implementar os Objetivos de Desenvolvimento do Milênio da ONU (ODMs) e queriam que essa autorização fosse sancionada pela Organização das Nações Unidas e pelos 189 governos presentes na reunião de Johannesburgo.

Nessa busca, foram apoiadas por um grande empreendimento novo de US$ 1,9 bilhão da União Européia, chamado EU Water Initiative, cuja meta declarada era criar condições positivas para o setor privado na implementação dos ODMs e que foi publicamente lançado com muito alarde na WSSD. Ao todo, e com o apoio das Nações Unidas, foram anunciadas 220 parcerias entre grandes empresas, o Banco Mundial, o Fundo Monetário Internacional e países em desenvolvimento na WSSD, sendo que a maioria envolvia o fornecimento de serviços hídricos e de saneamento para o hemisfério sul.

O Corporate Europe Observatory, um respeitado núcleo europeu de idéias e pesquisas, observou, em uma análise pós-cúpula, que a liderança da ONU fez o melhor possível, sob uma chuva de críticas, para simular que os objetivos de não-vinculação que havia alcançado significavam algo real, mas que, no fim, a cúpula fracassou miseravelmente no que diz respeito a fazer progressos nas urgentes questões sociais e ambientais de nosso tempo. O único resultado concreto de Johannesburgo foi que os governos e a ONU consolidaram seu relacionamento com a elite corporativa e abriram caminho para vários anos de golpe publicitário em prol da parceria e da "lavagem verde".

### Terceiro Fórum Mundial da Água — Kyoto, março de 2003

Sete meses depois, 24 mil participantes, mil jornalistas e 130 ministros de governo foram até Kyoto para o Terceiro Fórum Mundial da Água, onde o refrão de Johannesburgo ficou claro: havia sido formado o consenso de que o setor privado estava mais bem preparado para administrar os sistemas hídricos no hemisfério sul. Embora os organizadores do fórum de Kyoto estivessem mais abertos à sociedade civil, e alguns críticos até receberam um espaço no programa oficial, a pressão para que os delegados fizessem coro ao refrão pró-corporativo foi tão intenso quanto em Haia. Mais uma vez, o público da conferência e os representantes de governos presentes se recusaram a adotar a idéia de que a água era um direito humano ou a lidar com as crescentes críticas à experiência privada com a água.

O Banco Mundial escolheu Kyoto para lançar um importante relatório sobre o financiamento para a água no qual estava trabalhando há algum tempo. A reação às empresas privadas de água estava aumentando no hemisfério sul; as grandes empresas de água estavam preocupadas que sua presença não fosse sustentável sem garantias das instituições financeiras internacionais de que elas estariam protegidas tanto da turbulência política local quanto de crises monetárias nos países da América Latina em especial. O relatório *Financing Water for All* foi escrito por uma equipe comandada por Michel Camdessus, ex-dirigente do Fundo Monetário Internacional e então executivo honorário do Banque de France, e incluía Gerard Payen, ex-vice-presidente executivo da Suez; Charles-Louis de Maud'huy, diretor da Veolia; e Ismail Serageldin, então no Banco Mundial.

O relatório de Camdessus era tudo que as empresas de água queriam ouvir e provocou uma forte reação negativa tanto no fórum quanto internacionalmente. Ele reconhecia que as corporações que funcionavam nos países em desenvolvimento estavam recebendo uma forte resistência e dizia que elas tinham de ser protegidas, tanto política quanto financeiramente, com grandes e novos investimentos no valor de US$ 180 bilhões. A equipe pedia a recuperação total dos custos para os projetos hídricos e defendia o uso de dinheiro público para financiar a preparação de contratos e propostas privados. Também pedia um Liquidity Backstopping Facility para garantir os lucros corporativos em casos de desvalorização da moeda e conflitos políticos. A mensagem clara era que: sem novos financiamentos públicos, as grandes empresas não podiam garantir uma presença contínua em países pobres. Os governos acataram as recomendações e as levaram a seus países para se tornarem parte de programas de desenvolvimento.

### Quarto Fórum Mundial da Água — Cidade do México, março de 2006

O Quarto Conselho Mundial da Água na Cidade do México em 2006 também foi muito grande, com 20 mil delegados, 1.500 jornalistas e representantes dos governos de 140 países. Mas, nesse fórum, as políticas da água do Banco Mundial haviam se tornado tão impopulares que uma legião de guardas e policiais armados teve de proteger os delegados por trás de uma parede maciça de segurança. Foi publicamente revelado que essa extravagância de US$ 220 milhões realmente era um espetáculo do comércio corporativo, e os organizadores foram repreendidos por cobrarem US$ 600 por participante. Os patrocinadores corporativos incluíam a Coca-Cola e o Grupo Modelo, o gigante mexicano da cerveja.

Devido tanto à gritante natureza corporativa dessa cúpula quanto ao fato de que o Conselho Mundial da Água claramente não deseja um diálogo significativo com a sociedade civil, muitas ONGs boicotaram o Quarto Fórum Mundial da Água, preferindo se reunir em sua própria assembléia de mil delegados. Elas também organizaram um enorme protesto com 40 mil pessoas, que tomaram as ruas do centro da Cidade do México, gritando "Nossa água não está à venda" e conclamando os governos a deixarem o Fórum Mundial da Água e se reunirem aos cidadãos na rua.

## A Privatização da Água Tem Sido um Fracasso Total

Quase vinte anos de casos documentados do fracasso da privatização e da crescente oposição ao Banco Mundial e às empresas de serviços hídricos em cada esquina do mundo revelaram um legado de corrupção, tarifas de água altíssimas, interrupção no fornecimento de água para milhares de pessoas, redução da qualidade da água, nepotismo, poluição, demissões de trabalhadores e promessas não cumpridas. A realidade é que as empresas com fins lucrativos, mesmo quando operam honestamente, não podem praticar a desesperadamente necessária conservação da água e proteção das fontes. Na verdade, para se manterem competitivas, as empresas de água estão contando com a deterioração da qualidade da água em todo o mundo.

Além do mais, as corporações competitivas não podem fornecer água para os pobres. Isso ainda é e permanecerá sendo papel dos governos. O principal objetivo das empresas privadas é obter lucro, e não cumprir objetivos socialmente responsáveis, como o acesso universal à água. Em países onde a maior parte da população recebe menos de dois dólares por dia, observa Sara Grusky, da Food and Water Watch, as empresas privadas não conseguem cumprir a obrigação de oferecer uma taxa de retorno de mercado aos acionistas. Nem conseguem expandir seus serviços a uma população que não pode pagar por eles. A única maneira de o setor privado se manter competitivo em tal situação é ter acesso a subsídios públicos — exatamente aquilo que elas supostamente deveriam aliviar. Na verdade, na maioria dos casos, a promessa de que o setor privado satisfaria a necessidade de eficiência, especialização e novos investimentos jamais se materializou.

Em *Pipe Dreams: The Failure of the Private Sector to Invest in Water Services in Developing Countries*, um relatório revolucionário publicado em 2006 pela Public Services International e pelo Movimento pelo Desenvolvimento Mundial, os autores David Hall e Emanuele Lobina demonstram claramente que o argumento do investimento do Banco Mundial é um mito. Em toda a África subsaariana, no sul e no leste da Ásia (excluindo a China), cerca de apenas 600 mil novas conexões foram feitas em residências como resultado do investimento de operadores do setor privado desde 1990, ampliando os serviços para apenas três milhões de pessoas, uma pequena fração dos números almejados pela Organização das Nações Unidas. Mesmo esse pequeno número deve ser contrabalançado, dizem os autores, pelo número de residências que tiveram seu fornecimento de água interrompido devido ao não-pagamento de contas e pelo fato de que a maioria dessas conexões também foi subsidiada pelo estado. Além do mais, mesmo a maioria dessas histórias de "sucesso" não conseguiram cumprir as promessas de investimento e ampliação feitas quando os contratos foram inicialmente criados. A única parte do mundo em que o setor privado contribuiu mais para a ampliação das conexões de água foi na América Latina, e as pesquisas mostram que essas realizações não foram melhores que as do setor público em geral, e foram piores em vários casos importantes.

Talvez ainda mais desfavorável seja o fato de que, prevendo que o setor privado proporcionaria novas injeções monetárias, o Banco Mundial, os bancos regionais e os doadores de países desenvolvidos, na verdade, tenham *diminuído* o financiamento de serviços hídricos no hemisfério sul. Entre 1998 e 2002, os investimentos de doadores e bancos de desenvolvimento em infra-estrutura hídrica nos países em desenvolvimento caíram de 15 bilhões para 8 bilhões de dólares. Ao mesmo tempo, as próprias políticas do Banco Mundial desencorajaram os países pobres a investirem em serviços como a água. "A contribuição líquida de 15 anos de privatização, então, foi de reduzir significativamente os fundos disponíveis para os países pobres para investimento em água", diz o relatório. "O foco no desenvolvimento do setor privado contribuiu para uma redução no nível de auxílio e financiamento de desenvolvimento por parte dos doadores, que é muito mais que o investimento real feito pelo setor privado." Além disso, o Banco Mundial puniu os países que resistiram à privatização com a redução de seu apoio. Talvez o mais perturbador, dizem os autores, é que as grandes corporações da água se tornaram tão poderosas que realmente influenciam quais países, regiões e cidades receberão fundos de investimento do hemisfério norte. Como as decisões são baseadas em que locais as corporações podem obter lucro, as comunidades mais desesperadas não recebem sua parte do financiamento.

O relatório de janeiro de 2007 do International Poverty Centre para o Programa das Nações Unidas para o Desenvolvimento confirma essas descobertas. Kate Bayliss, do Reino Unido, e Terry McKinley, de Brasília, descobriram que, por ser muito pobre, a África subsaariana recebeu apenas 4% do investimento privado global entre 1990 e 2003. Para atrair mais investimentos, os países pobres tiveram de realinhar suas expectativas e se concentrar na criação de um clima favorável aos negócios, em vez de se preocupar em criar programas para os pobres. O estudo também confirmou que a esperança inicial em relação à privatização era tão alta que os doadores que gastavam em infra-estrutura tinham a expectativa de que o setor privado assumisse a insuficiência resultante. Em 2002, a concessão de crédito do Banco Mundial para água e saneamento na África subsaariana foi de apenas um quarto do que fora no período de 1993-97. Ao mesmo tempo, o Banco Mundial aumentou seu apoio ao investimento privado através de sua Corporação Financeira Internacional (CFI) e de sua Agência Multilateral de Garantia ao Investimento (MIGA). "Portanto", dizem os autores, "os países africanos ficaram presos a um terrível dilema. Não apenas o financiamento do investimento público por doadores diminuiu, mas o investimento privado também fez o mesmo.

Muitos novos estudos e relatórios ecoam essas descobertas. De acordo com um relatório de abril de 2006, publicado pelo Fórum Norueguês para o Meio Ambiente e o Desenvolvimento, a privatização da água não conseguiu fornecer água para os pobres; sabotou o direito do ser humano à água; aconteceu à custa de princípios democráticos e com o mínimo de responsabilidade para com os cidadãos locais; e levou ao controle estrangeiro da água e à criação de monopólios. Um relatório de setembro de 2006 feito pelo Institute for Development and Peace, com sede na Alemanha, avaliou criticamente o impacto da privatização da água sobre o desenvolvimento e pediu a regulamentação estatal e diretrizes éticas obrigatórias para todos os projetos de investimento relacionados à água.

"Houve subornos, corrupção, não-cumprimento de cláusulas contratuais, demissões, aumentos de tarifas e poluição ambiental", conclui Naren Prasad, coordenador de pesquisas do Instituto de Pesquisas das Nações Unidas para o Desenvolvimento Social. "'Assinar e renegociar' é a ordem do dia, e o Banco Mundial até mesmo publicou um manual sobre como renegociar um contrato de concessão fracassado." Prasad observa que o Banco Mundial está tentando mudar a imagem e relançar a privatização sob o disfarce "mais sutil" de parcerias público-privado.

Mesmo aqueles que tradicionalmente apoiavam a privatização da água agora se afastaram. Em setembro de 2006, a WaterAid, instituição beneficente britânica para a água, fundada pelas empresas britânicas de água, emitiu uma forte reprovação às promessas da União Européia de fornecer água aos pobres do mundo. "Nem uma pessoa a mais" se beneficiou da Iniciativa da Água da União Européia (EUWI), disse a WaterAid, observando que a participação do auxílio europeu para projetos hídricos caiu de 5,5% em 2000 para 4,2% em 2003. "Apesar do comprovado desinteresse dos investidores internacionais no financiamento de projetos hídricos e de saneamento em países em desenvolvimento, a EUWI insiste em tentar atrair dinheiro privado, não deixando oportunidades para se debater a necessidade de aumento do auxílio da UE ao setor hídrico."

No Quarto Fórum Mundial da Água, as Nações Unidas lançaram o *UN World Water Development Report 2006*, com uma análise altamente crítica da privatização da água. Observando que muitas empresas de água estavam se retirando do hemisfério sul porque estavam encontrando resistência, o relatório as criticava por abandonarem os contratos não-lucrativos, dizendo que milhões de pessoas iam ter de esperar pelos serviços, como resultado desse abandono. A Organização das Nações Unidas também observou que aqueles que se beneficiaram dos serviços hídricos privados no Terceiro Mundo vinham quase exclusivamente dos setores ricos da sociedade. "Fornecer serviços hídricos adequados aos setores mais pobres da sociedade normalmente é visto como um empreendimento de alto risco que, em grande medida, não apresenta oportunidades de retorno econômico", disse a Organização das Nações Unidas, acrescentando que "está mais do que na hora de envolver novamente os governos".

Sem enfraquecer, o Banco Mundial publicou o "Toolkit on Water and Sanitation" em 2006 para "auxiliar os governos de países em desenvolvimento que estejam interessados em usar a participação privada para ajudar a ampliar o acesso à água e ao saneamento". O conjunto de ferramentas "avalia questões fundamentais que os governos precisam resolver para iniciar a participação privada; [...] considera algumas das principais opções de reforma para o setor hídrico acima dos acordos de participação privada"; [...] e "considera como o acordo escolhido pode ser incorporado a leis, contratos e licenças legalmente válidos". Michael Goldman explica esse tipo de intransigência diante de evidências contrárias como uma intransigência ideológica: "A campanha política do Banco Mundial pela privatização da água tem sido muito mais do que um programa de arrendamento para os encanamentos e infra-estrutura de esgoto públicos dilapidados. Em vez disso, ela marcou a entrada de novos códigos transnacionais de conduta e procedimentos de arbitragem, contabilidade, operações bancárias e faturamento; toda uma nova ética de remuneração (incluindo a possibilidade de corporações estrangeiras processarem um governo); novas expectativas quanto ao papel da esfera pública; e a normalização de corporações transnacionais como fornecedoras locais de serviços e bens públicos."

## As Grandes Empresas de Serviços Hídricos Acumulam Lucros

Apesar dos enganos que cometeram e da resistência que encontraram, as empresas de serviços hídricos, especialmente a Suez e a Veolia, continuaram a obter altos lucros. Em 1990, apenas uma parte da população mundial, cerca de 50 milhões de pessoas, comprou água de um fornecedor privado. Hoje, as grandes empresas de água fornecem água para cerca de 600 milhões de pessoas, 10% da população mundial, um aumento enorme em pouco tempo. (Isso não significa que 90% do mundo é servido pelo setor público. Ainda existem quase 1,5 bilhão de pessoas sem nenhum serviço hídrico — público ou privado. É mais certo dizer que, dos quatro bilhões de pessoas que têm serviços hídricos, 15% agora compram água das grandes operadoras privadas de água.) As próprias empresas de água estimam, de modo conservador, que, dentro de dez anos, a quantidade de pessoas que compram água delas duplicará. Isso criou uma mina de ouro para a indústria da água.

A Suez, número 79 na lista de corporações da Fortune 500, tem 160 mil empregados em todo o mundo — 72 mil deles hoje trabalham exclusivamente na divisão de água — e receitas de quase US$ 60 bilhões. A Veolia Environment tem 272 mil empregados, dos quais 70 mil trabalham apenas no setor de água, e receitas de pouco menos de US$ 34 bilhões — há uma década, eram de apenas US$ 5 bilhões. A Suez anunciou um saudável aumento de 6,7% nas receitas em 2006, embora o crescimento da receita da divisão de água tenha sido modesto, 3,2%, e as receitas da Veolia aumentaram quase 12% — um aumento de 55% no lucro. Entre si, essas duas transnacionais têm, até muito recentemente, controlado dois terços do setor de serviços hídricos privados globais. Em terceiro lugar, está a Thames Water (recentemente vendida pela RWE), com 12 mil empregados e receitas de mais de US$ 2 bilhões. A SAUR, da França, e a Agbar, da Espanha, são, respectivamente, a quarta e a quinta maiores empresas de água do mundo. Outros grandes atores são a Aqua-Mundo, da Alemanha, e Biwater, Severn Trent, Kelda Group e Anglian Water, da Grã-Bretanha.

É verdade que as empresas encontraram uma grande resistência em comunidades de todo o mundo (veja o Capítulo 4) e, conseqüentemente, abandonaram vários contratos. A Suez, por exemplo, anunciou, em seu relatório anual de 2006, que sua saída dos contratos não-lucrativos na América Latina, na África subsaariana e no sul da Ásia está praticamente completa. Além disso, vários atores importantes estão deixando totalmente de lado o negócio da água. A RWE, gigante alemã da energia, vendeu a Thames Water depois de vários anos de intensa resistência local, especialmente nos Estados Unidos. Sua taxa de retorno sobre o investimento estava bem abaixo do padrão da empresa, e simplesmente não era lucrativo para a empresa permanecer no negócio da água. A Enron vendeu sua empresa de água, Azurix, no início de 2001 (apenas meses antes de explodir o escândalo da Enron e a empresa ser obrigada a declarar falência), quando ficou claro que sua investida no negócio da água havia sido um fracasso total. Dando um novo significado à palavra húbris, a presidente da Azurix, Rebecca Mark, havia acabado de declarar que não descansaria antes que toda a água do mundo tivesse sido privatizada.

Apesar disso, é prematuro anunciar a morte dos serviços hídricos privados ou subestimar o poder de permanência desses concorrentes globais. Novos dados do Banco Mundial mostram que o número de novos contratos público-privados assinados em 2005 foi o mais alto desde 1990, e que 2006 provavelmente seria outro ano excepcional. Além disso, a *Global Water Intelligence* relata que a atividade de fusão e aquisição no setor hídrico tem sido notavelmente intensa na última década, com o setor privado adquirindo perto de US$ 10 bilhões de investimento em patrimônio dos governos e dos municípios. Da mesma forma, as concessionárias privadas estão sendo subsidiadas pelos fundos de pensão públicos do rico hemisfério norte. Em 2005, a concessionária de água AWG foi adquirida por um grupo de fundos de pensão do Canadá e da Austrália, em uma negociação de mais de US$ 4 bilhões. A Thames Water foi vendida à Kemble Water Limited, um consórcio liderado pelo Macquarie's European Infrastructure Fund por cerca de US$ 5 bilhões.

O que está mudando — registra o *Masons Water Yearbook*, a bíblia do setor — é que, em todo o mundo, uma nova onda de empresas de água estão entrando no mercado, concorrendo ativamente com as duas grandes. Na verdade, a participação total no mercado das cinco grandes em conjunto caiu para 47% em 2006, uma mudança impressionante em apenas dois anos.

Além do mais, esses grandes concorrentes, bem como dezenas dos concorrentes menores, não estão mais se concentrando apenas no hemisfério sul e tentam entrar em mercados lucrativos em países mais "estáveis", com algum sucesso real. Em 1999, a Vivendi Environment — atualmente, Veolia — comprou a U.S. Filter por US$ 6,2 bilhões e se tornou membro da poderosa Coalizão das Indústrias de Serviços dos Estados Unidos. No ano seguinte, a Suez comprou a United Water por US$ 1,2 bilhão à vista e, em fevereiro de 2007, acrescentou a suas aquisições a Aquarion-New York, um dos sistemas de distribuição de água mais importantes dos Estados Unidos. E, em 2003, a RWE Thames comprou a American Water, que atendia a 15 milhões de pessoas em 27 estados, por US$ 8,6 bilhões. Com essas compras, as três maiores empresas privadas de água dos Estados Unidos foram tomadas pelos conglomerados europeus da água, cujo objetivo é controlar 70% do mercado americano nas próximas duas décadas. Em pouco tempo, as três grandes estavam administrando os sistemas hídricos em Atlanta, Nova Orleans, Tampa, Indianápolis, Oklahoma City, Stockton, Milwaukee, Springfield, Pittsburgh e Honolulu, para citar apenas algumas.

Trouxeram com elas um novo nível de lobby político, que aprenderam na Europa. Antes de as grandes empresas européias de água tomar o setor, relata o Centro de Integridade Pública, as concessionárias de água gastavam muito pouco com contribuições políticas. De 1995 a 1998, gastaram menos de meio milhão de dólares em contribuições para campanhas. Mas, nas eleições de 2000 e 2002, os gastos com campanhas mais do que triplicaram e chegaram a cerca de US$ 1,5 milhão. Mais de metade desse valor veio de apenas duas empresas — United Water e American Water —, ambas de propriedade de empresas estrangeiras de água. Tirando vantagens de mudanças em leis federais nos anos 1990, que exigem que as concessionárias considerem parcerias privadas com empresas de água antes de receberem ajuda federal, as empresas privadas já haviam duplicado a taxa de privatização dos serviços hídricos durante os anos 1990.

Agora, armadas com novas leis federais de impostos liberais que permitem que os municípios entrem em contratos de longo prazo — até 20 anos — com concessionárias privadas de água, elas estão prontas para outro passo revolucionário: os contratos de bilhões de dólares. A quantidade de sistemas hídricos administrados por empresas privadas com contratos de longo prazo cresceu de aproximadamente 400 em 1997 para 1.100 em 2003. Esse tipo de contrato torna muito mais difícil uma cidade cancelá-lo se decidir que a privatização foi um erro. Hoje, a National Association of Water Companies relata que, em 2006, o mercado de concessionárias privadas de água nos Estados Unidos, com mais de 1.300 parcerias público-privado, é um negócio de US$ 1,7 bilhão e fornece serviços hídricos a 15% dos americanos.

As empresas de água agora estão fazendo pressão com o objetivo de conseguir uma legislação nos Estados Unidos para exigir que governos municipais com poucos recursos considerem a privatização de seus sistemas hídricos em troca de financiamento federal para o fornecimento de água. E estão apoiando intensamente uma iniciativa de Bush chamada Water Enterprise Bond, que retiraria as concessionárias de água e água residual da proteção do volume estadual, tornando disponíveis títulos ilimitados de atividade privada. A iniciativa é apoiada pela Agência de Proteção Ambiental. "Nós acreditamos que esse é um passo significativo [...] que pode gerar potencialmente bilhões de novos dólares para infra-estrutura de água e água residual", disse Benjamin Grumbles, administrador assistente do escritório de água da EPA, em uma conferência sobre infra-estrutura de água patrocinada pela EPA em Atlanta, Geórgia, conforme registrado em *Bond Buyer*, de 22 de março de 2007.

A Europa é outra região onde as grandes empresas de água almejam crescer e, para isso, estão trabalhando com aliados na Comissão Européia com o objetivo de estimular um clima positivo para as parcerias público-privado em países que se recusaram veementemente a pensar em sistemas hídricos privados. Cerca de 70% dos serviços hídricos da Europa hoje estão sob administração pública, mas há uma crescente pressão para permitir que as grandes empresas de água entrem na concorrência para fechar contratos. As "duas grandes" estão almejando especificamente a Alemanha, a Áustria e a Itália como países com amadurecimento político para a privatização. França, Espanha, País de Gales e Inglaterra já são amplamente privatizados. Em diversos relatórios importantes, a Comissão Européia recentemente recomendou parcerias público-privado como caminho para um continente que tem necessidade de um grande investimento em infra-estrutura.

David Hall, da Unidade de Pesquisas da Public Services International, alerta que as grandes empresas de água, com o apoio do Banco Europeu de Reconstrução e Desenvolvimento (BERD) e do Banco Mundial, estão ativas na Croácia, na Albânia, na República Tcheca, na Romênia, na Sérvia, na Estônia e na Hungria. O *Masons Water Yearbook* relata que, em 2005, o negócio da água na Europa ficou "agitado". O Oriente Médio também é um mercado-alvo. A Arábia Saudita, por exemplo, começou a privatizar os serviços hídricos apenas em 2006, mas espera que, até 2010, as empresas privadas forneçam água para metade da população.

Mas o maior alvo de todos é a China. A Suez Environment, a Veolia e a Thames estão todas muito ativas na China, onde começaram a expandir seus impérios vinte anos atrás. Elas costumavam "produzir" e vender água a granel para municípios porque o governo chinês mantinha um controle rígido sobre o fornecimento de água à população. No entanto, com o novo regime favorável ao mercado na China, as empresas agora podem conseguir contratos de distribuição de longo prazo. A Veolia fornece serviços hídricos completos em 17 cidades, incluindo Shenzhen, Kunming, Xangai e Changzhou; a Suez faz o mesmo em Chongqing, Sanya, Tanggu e Tanzhou. A cobrança de dívidas, com uma taxa de pagamento de 99%, é altamente reforçada pelo governo.

Os lucros são impressionantes em qualquer medida, gerando retornos de mais de 20% em média. Em 2002, a Thames Water adquiriu o maior controle acionário da China Water Company; a compra impulsionou a base de clientes da Thames na China para 6,5 milhões. Atualmente, a Suez tem 19 operações conjuntas em 16 cidades — um investimento de US$ 640 milhões — e duplicará seu investimento nos próximos dois anos. A Suez Environment teve um crescimento de 26% na China continental em 2006 e, recentemente, mudou sua sede regional do Pacífico Asiático para Xangai.

As grandes concessionárias de água estão altamente conscientes de que o cenário do negócio da água está mudando sob seus pés e estão preparadas para competir com um grupo totalmente novo de concorrentes que está entrando no mais novo — e mais quente — mercado do mundo: o setor de reutilização da água. No entanto, seu legado duradouro provavelmente é que, em conjunto com o Banco Mundial e a Organização das Nações Unidas, a Suez, a Veolia e outras grandes empresas de serviços hídricos estabeleceram o cenário para a comoditização total da água do mundo e as condições para a criação de um cartel global da água, de propriedade das corporações.

Capítulo 3

# Os Caçadores de Água Entram no Jogo

*São decisões terríveis, mas ou você bebe água ou morre.*

Peter Beattie, primeiro-ministro de Queensland,
na Austrália, em resposta à oposição pública
a beber água de esgoto reciclada.

As grandes empresas concessionárias de água, como a Suez e a Veolia, embora sejam poderosas e muito ricas, estão enfrentando uma concorrência pesada de uma multidão de novas empresas que estão entrando nas arenas do mercado de água que apresentam crescimento mais rápido, a saber: fornecimento de água para uso industrial e municipal e limpeza da água suja após esse uso. A divisão de tecnologia da indústria está crescendo em um ritmo duas vezes mais rápido que a divisão de concessionárias e já é responsável por mais de um quarto de todas as receitas. A capacidade global de reutilização da água aumentará 181% ao longo da próxima década, de acordo com um relatório da Global Water Intelligence: *Water Reuse Markets 2005-2015: A Global Assessment & Forecast*. O investimento na reutilização da água totalizará US$ 28 bilhões. A Siemens, peso-pesado da indústria, estima que o mercado de tecnologia de reciclagem, por si, hoje vale US$ 40 bilhões e duplicará nos próximos oito a dez anos.

William J. Roe, diretor de operações da Nalco, gigante global do tratamento de água cuja divisão de água emprega 10 mil pessoas e funciona em 130 países, disse que sua empresa acredita que as guerras futuras não serão pelo petróleo, e sim pela água. De acordo com Andrew D. Seidel, diretor executivo da U.S. Filter, concessionária de Palm Desert, na Califórnia, que está entrando no negócio de tratamento de água, o negócio da água tem pelo menos 100 mil atores que fornecem "todo tipo de produtos e serviços".

"As empresas de água fornecem os produtos químicos que purificam a água usada para fazer chips de computadores — uma água pura demais para as necessidades humanas comuns, pois removeria cálcio, zinco e outros minerais vitais ao corpo", relatou Claudia H. Deutsch no *New York Times*. "Elas vendem os aditivos que mantêm os encanamentos das fábricas livres de corrosão quando a água os esfria ou aquece, e que tornam a água salgada doce como o líquido que vem de rios de água doce. Elas garantem que a Coca-Cola ou o café do Starbucks tenham mais ou menos o mesmo sabor, não importa onde você os compre. Elas permitem que as refinarias transformem petróleo bruto barato e altamente ácido em gasolina de alta qualidade. Ultimamente, estão até ajudando hotéis, hospitais e prédios de apartamentos a impedirem que micro-organismos como os que causam a doença dos legionários circulem através de encanamentos e sistemas de controle de temperatura."

O *Masons Water Yearbook* confirma essa tendência. A dessalinização e a terceirização da água industrial formam o setor mais dinâmico da indústria global da água, ele registra, e crescerá em um ritmo saudável durante muitos anos. Essa tendência significa que as grandes empresas européias de água não dominarão mais o mercado de água, observa Mason, que documenta o surgimento de grandes novas corporações da água no Marrocos, na Polônia, na Rússia, na Suécia e nos Estados Unidos. "A água é quente", disse Debra G. Coy, da Schwab Capital Markets, em uma conferência de janeiro de 2004 organizada pelo National Council for Science and the Environment. Os amplos gastos necessários para atender à demanda por novos suprimentos e para aprimorar a infra-estrutura deteriorada ou inexistente em todo o mundo está criando uma indústria global da água, acrescentou, e as soluções tecnológicas estão gerando incalculáveis oportunidades de investimento.

A Arábia Saudita planeja gastar, nas próximas duas décadas, US$ 80 bilhões em tecnologia de dessalinização e outras tecnologias de purificação para aumentar sua capacidade de produção de água. Na próxima década, Dubai investirá US$ 100 bilhões em tecnologia de tratamento de água. A China, que agora gera 30% do crescimento econômico do mundo, planeja adicionar entre 200 e 400 usinas elétricas com produção de 300 gigawatts. No entanto, o país não tem água disponível para a construção ou operação dessas usinas. Da mesma forma, o Ministério de Recursos Hídricos prevê que a população da China chegará a 1,6 bilhões até 2030, exigindo um aumento de 130 a 230 bilhões de metros cúbicos na disponibilidade do suprimento de água. Portanto, o governo chinês separou US$ 125 bilhões para melhorar a qualidade da água entre 2006 e 2010. A subsidiária da Suez para engenharia de tratamento de águas residuais, Degremont, já construiu 160 usinas de tratamento de água na China e planeja construir mais 160.

A demanda global pela construção e reparos de infra-estrutura poderia chegar a US$ 20 trilhões nos próximos 25 anos, diz John Balbach, sócio do Cleantech Group, empresa de pesquisa de capital de risco com sede em Michigan. De acordo com o Escritório de Orçamento do Congresso americano, os Estados Unidos terão de investir cerca de US$ 40 bilhões ao ano durante pelo menos uma década para reconstruir encanamentos antigos e outras infra-estruturas de água, além dos US$ 55 bilhões anuais usados apenas para manter e operar o sistema. A Sociedade Americana de Engenheiros Civis diz que aprimorar o sistema municipal de água nos Estados Unidos poderia custar US$ 1 trilhão ao longo de várias décadas futuras. Essa história se repete em todo o mundo, pois os governos estão sob pressão para aprimorar sistemas antiquados que deixam vazar enormes quantidades de água através de encanamentos antigos. Além disso, o mercado de contratos com a indústria privada está disparando. O mercado de terceirização da água industrial oferece ótimas oportunidades porque os clientes industriais preferem pagar às empresas de serviços de água e esgoto para ajudá-las a cumprir a legislação ambiental, em vez de simplesmente montar instalações internas de tratamento.

## Novas Empresas de Água Entram no Mercado

A empresa americana ITT Corp. alega ser a maior fornecedora de sistemas de tratamento de água e esgoto (a Nalco e a U.S. Filter também), com operações em 130 países. A divisão de água da ITT é diferente e criativa: por exemplo, ela administra as bombas que drenam os túneis interiores da Represa de Hoover, bem como 250 estações de tratamento de esgoto na China. Sua linha de produtos inclui bombas para sistemas de água residenciais, municipais e comerciais; filtros biológicos e tratamento de desinfecção para águas residuais municipais e industriais; e bombas para fábricas de mineração, produtos químicos, papel e petróleo.

A Danaher Corporation, outra empresa americana, que vale US$ 9 bilhões no setor de fabricação e ferramentas, também entrou violentamente no negócio de tratamento de água. Essas duas se unem a uma miríade de novas empresas americanas ansiosas para lucrar com a indústria privada da água, atualmente estimada pela Environmental Business International, a fonte on-line de pesquisas do setor, como uma indústria de US$ 100 bilhões apenas nos Estados Unidos.

A gigante global GE também entrou recentemente no mercado, aumentando o interesse da concorrência. Em 2001, a empresa comprou a Betz Dearborn, um importante ator americano dos produtos químicos para tratamento de água, e, dois anos depois, comprou a Osmonics, que fabrica membranas para uso no tratamento da água, lançando, assim, a GE Water Technologies, que agora vale US$ 1,4 bilhão. No mesmo ano, comprou a Ionics, uma usina de dessalinização sediada nos Estados Unidos, por US$ 1,1 bilhão, além da Zenon Environmental Inc., que fabrica membranas de ultrafiltração. Os pesquisadores da água na empresa usam a tecnologia de processamento de imagens emprestada da GE Medical Systems para "diagnosticar" problemas químicos na água usada em bens manufaturados tão diferentes quanto carros e encanamentos. A GE declarou que quer uma fatia de US$ 50 bilhões do mercado global da água. Em fevereiro de 2007, a GE anunciou seus planos de investir mais de US$ 1 bilhão no desenvolvimento de infra-estrutura na Europa, com o objetivo de se tornar um sério concorrente nesse mercado.

A GE, a ITT e a Nalco agora são as maiorais no setor, com mais de 40% do mercado, mas outros atores importantes também estão entrando no setor. A Dow Chemical recentemente lançou a Dow Water Solutions para criar "suprimentos de água mais seguros e mais sustentáveis para comunidades do mundo todo". Sua divisão de tratamento de água e dessalinização tornou-se a parte com crescimento mais rápido do negócio e faturou US$ 450 milhões apenas em 2006. (Para combater as críticas de que a empresa que trouxe ao mundo o napalm e o Agente Laranja deveria ficar de fora do comércio da água, a Dow está financiando a Blue Planet Run anual, que envia corredores para vários lugares do mundo com o objetivo de levantar fundos para projetos de água descontaminada no Terceiro Mundo.)

Evidentemente, os gigantes das concessionárias de serviços públicos não querem ficar de fora. As duas maiores empresas de tratamento de resíduos na Europa são a SITA, divisão de serviços de resíduos da Suez, e a Veolia Environmental Services (antiga Onyx), divisão de serviços de resíduos da Veolia. A terceira é a Remondis, criada quando sua empresa-mãe, a Rethmann, assumiu a divisão de resíduos da RWE quando a empresa saiu do setor hídrico. Todas estavam caçando contratos de tratamento de água. Em 2004, a Veolia fechou um contrato de US$ 1,3 bilhão com a Peugeot Citroën na Europa Oriental para limpar a água usada na fabricação de carros e, em 2006, assinou um contrato para administrar instalações de captação, tratamento e reciclagem da água residual industrial na sede da Yanshan Petrochemical em Pequim. A Suez leva de seu centro de P&D em Paris as tecnologias de ponta para o tratamento químico e biológico da água na China. Steve Clark, diretor executivo da Suez Environment na China, disse à *EuroBiz Magazine* que a empresa logo inauguraria um multimilionário centro de P&D da água em Xangai.

A indústria da água está começando a criar "centros de excelência" em certas universidades e regiões. Cingapura está se tornando um "centro global da água", exportando tecnologia e especialistas do setor hídrico privado para o mundo todo. O Environment and Water Industry Development Council de Cingapura anunciou, em fevereiro de 2007, que está reservando US$ 330 milhões para financiar centros de alto nível para pesquisa da água e treinar pesquisadores em soluções hídricas para o setor privado. A Black & Veatch, importante empresa de engenharia e consultoria com 90 escritórios em todo o mundo e uma das empresas privadas americanas entre as "500 Mais", transferiu sua empresa global de água para Cingapura para aproveitar essa oportunidade. A Black & Veatch escolheu Cingapura como seu Centro Global de Projetos e seu Centro de Excelência em Dessalinização e pretende "aumentar" em dez vezes o número de especialistas técnicos em água na empresa até 2009.

A gigante industrial alemã Siemens é outro ator importante no negócio global da água. Em 2004, a empresa comprou a U.S. Filter da Veolia por US$ 1 bilhão (a U.S. Filter alega ser a "maior empresa de tratamento de água e águas residuais e com crescimento mais rápido do mundo") e fez uma parceria com a concessionária de água israelense Mekerot. Com quase seis mil empregados em sua divisão de água — a Siemens Water Technologies —, a empresa anunciou, no final de 2006, que também está criando um centro global de engenharia e desenvolvimento de pesquisas e da água em Cingapura. E Cingapura está criando seus próprios concorrentes. Diversas novas empresas de tratamento de água de Cingapura, incluindo Sembcorp, Dayen, Darco, EcoWater, Salcon e Hyflux, estão se espalhando pela Ásia e pela China. (Hyflux é a empresa que desenvolveu a controversa NEWater, uma água de esgoto totalmente reciclada que o governo de Cingapura usa para fornecer à população como água potável.

A empresa agora está trabalhando com o Public Utilities Board da Austrália para vender a NEWater aos australianos céticos e está pronta para crescer na Índia, na Tailândia, no Oriente Médio e na China.)

## Do Nuclear ao Nano, Nada Está Fora de Cogitação

### *Dessalinização*

Apesar dos problemas documentados da dessalinização, tudo indica que este setor do mercado da água está prestes a decolar. De acordo com a Global Water Intelligence, o setor global da dessalinização tem previsão de quase triplicar até 2015. Essa expansão envolverá investimentos de capital de cerca de US$ 60 bilhões nos próximos anos. (O *Water Industry News*, jornal on-line da Environmental Market Analysis, cita um número ainda maior, de US$ 95 bilhões.) Desse valor, mais da metade deve vir do setor privado, o que significa que a dessalinização é mais aberta à participação do setor privado que qualquer outra área do negócio da água. A dessalinização também é a parte mais internacional e mais high-tech (de alta tecnologia) na indústria da água. Espera-se que o mercado chegue a US$ 66 bilhões em 2010 e US$ 126 bilhões até 2015.

O maior mercado para a dessalinização continuará sendo a área do Golfo, que duplicará sua capacidade na próxima década. A área de maior crescimento será a Orla do Mediterrâneo, onde Argélia, Líbia e Israel estão prevendo um aumento de mais de 300% na capacidade produtiva. Os Estados Unidos "farão um grande progresso", diz o *Water Industry News*, na dessalinização municipal de grande escala, assim como a China e a Índia. A usina planejada em Sydney, na Austrália, provavelmente será administrada pelo setor privado com fins lucrativos, confirmou o governo.

Existem cerca de 90 corporações de dessalinização no mundo, e esse número está aumentando constantemente. As líderes das concessionárias, Suez e Veolia, entraram no mercado, assim como os líderes das águas residuais e da purificação da água, ITT, Siemens, Dow, Nalco e GE, que administra a maior "frota de dessalinização móvel" para emergências do mundo e fornece água para hotéis e resorts do mundo todo. A GE reuniu forças com outra empresa americana, a Pall Corporation, maior fabricante de sistemas de filtragem por membranas do mundo, com cerca de US$ 2 bilhões em vendas em 2006, com o objetivo de se expandir para o mercado global de dessalinização. A GE também se associou à principal corporação de dessalinização da Arábia Saudita, a ACWA, bem como a Suez, para construir novas usinas de dessalinização naquele país. Em fevereiro de 2007, a GE anunciou que vai construir uma nova grande usina de dessalinização, a maior da África, na Algéria. A Thames Water está pedindo permissão para construir uma usina de dessalinização para converter a água salgada do Rio Tâmisa, sempre sujeito ao efeito das marés, no leste de Londres. Mas o prefeito de Londres, Ken Livingstone, é contra. Há anos ele luta contra a empresa, que fornece serviços hídricos privados para a cidade, para que ela conserte os encanamentos antigos que deixam vazar perto de um bilhão de litros de água limpa e purificada a cada dia. O prefeito ressalta a ironia de uma empresa privada querer lucrar com a dessalinização de água salobra supostamente necessária por causa de uma escassez de água — uma escassez que a empresa poderia corrigir se parasse de desperdiçar grandes quantidades de água limpa todos os dias.

Outros atores importantes incluem a Befesa, da Espanha, que, no início de 2007, conseguiu financiamento para projetar, construir, controlar e administrar durante 25 anos uma nova usina de dessalinização em Chennai City, Tamil Nadu, a maior usina de dessalinização da Índia. Outro importante ator espanhol é a Inima, que controla e administra 25 usinas de dessalinização em todo o mundo. A Consolidated Water é registrada nas Ilhas Caimã e administra usinas em Belize, Barbados, nas Ilhas Virgens britânicas e nas Bahamas. A Metito funciona em 14 países árabes e do Oriente Médio e se expandiu para países longínquos, como Argentina e Austrália. A IDE, de Israel, está se tornando um ator global, depois de construir a maior usina em Israel e estar se expandindo para o Mediterrâneo.

As principais empresas dos Estados Unidos são a Stamford; a Poseidon Resources, de Connecticut, que construiu a usina de dessalinização da Baía de Tampa, a maior no hemisfério ocidental; e a CalAm (California American), a maior empresa de água de propriedade privada nos Estados Unidos, com subsidiárias em 27 estados. A RWE agora é a única proprietária da CalAm, depois da aquisição do controle da empresa, em 2003, por sua subsidiária, a American Water (que ela está tentando vender). A CalAm atualmente está lutando para inaugurar uma controversa usina de dessalinização perto do Santuário Marinho Nacional da Baía de Monterey.

E também existem as jovens empresas, como a Aqua Genesis, empresa de Las Vegas que inventou o Delta-T — um dispositivo de dessalinização que pode ser alimentado por energia geotérmica para poder funcionar mesmo que a rede elétrica esteja caída. Ronald Newcomb, co-fundador da empresa e diretor de operações do Center for Advanced Water Technologies, na San Diego State University, fala sobre os clientes potenciais da empresa: "Tentamos estimar a dimensão potencial de nossa empresa, mas os números ficaram tão grandes que simplesmente paramos".

### *Dessalinização Nuclear*

Devido ao alto custo da tecnologia de dessalinização convencional, cada vez mais a idéia de usar reatores nucleares para fornecer a energia necessária ao processo está se enraizando em muitos círculos importantes, incluindo a Agência Internacional de Energia Atômica, que ganhou o Prêmio Nobel da Paz em 2005. Seu Desalination Economic Evaluation Program (DEEP) define dessalinização nuclear como a produção de água potável a partir da água do mar em uma instalação na qual um reator nuclear é usado como fonte de energia, e a agência promove abertamente essa tecnologia no mundo todo. A indústria tem um novo jornal, o *International Journal of Nuclear Desalination*, fundado em 2004 com um impressionante conselho internacional de acadêmicos e representantes das agências de energia atômica de vários países. A Sociedade Nuclear Americana apóia a dessalinização nuclear, assim como a Sociedade Nuclear Européia.

Usinas de dessalinização nuclear já estão funcionando no Japão, no Cazaquistão e na Índia. Novas usinas de dessalinização nuclear estão planejadas para Índia, Paquistão, Egito e China; e Rússia, Marrocos, Tunísia, Austrália, Algéria, Irã, Indonésia e Argentina estão todos considerando seriamente a opção. A Global Water Intelligence informa que a dessalinização nuclear terá um papel cada vez mais importante nesses países e será cada vez mais apoiada por seus governos. A senadora pelo Texas, Kay Bailey Hutchinson, apóia uma iniciativa da University of Texas para realizar pesquisas científicas e treinar engenheiros nucleares com vistas à criação de uma tecnologia de dessalinização. O projeto pretende ser uma instalação de altíssima qualidade para pesquisa nuclear resfriada por hélio, construída principalmente no subsolo em Andrews County, perto de uma instalação planejada de enriquecimento de urânio.

À medida que cresce o ímpeto pela dessalinização nuclear, também crescem as oportunidades de mercado para o setor privado, não apenas para os atores que já estão no negócio da água, mas para uma multidão de novos atores, desde empresas de urânio até a indústria nuclear. Em março de 2007, o CEO da Suez, Gérard Mestrallet, anunciou a intenção da empresa de investir em nova capacidade nuclear no "período de 2015 a 2020". Embora a Suez esteja pensando na eletricidade movida a energia nuclear, faltaria pouco para a empresa projetar e investir em usinas de dessalinização movidas a energia nuclear para sua divisão de água.

## Nanotecnologia

A nanotecnologia é um novo campo da ciência e da tecnologia aplicada que lida com a engenharia em escala molecular. As nanopartículas são assim denominadas devido a seu tamanho pequeno — um nanômetro é um bilionésimo de metro — e são menores que qualquer coisa que os seres humanos jamais inseriram em produtos comerciais até hoje. A nanotecnologia tem sido promovida como a próxima revolução industrial e atualmente está sendo usada em produtos tão diferentes quanto protetores solares, roupas resistentes a manchas, alimentos, embalagens de alimentos, suplementos alimentares, equipamentos eletrônicos e medicamentos. A maioria das grandes empresas de alimentos e medicamentos tem investido pesado em pesquisa de nanotecnologia há pelo menos uma década. De acordo com o respeitado jornal de ciências físicas *Lux Research*, o setor chegará a US$ 2,6 trilhões apenas em bens manufaturados nos próximos cinco anos. As empresas farmacêuticas já estão ganhando quase US$ 1 bilhão ao ano com essa tecnologia. O U.S.Patent and Trademark Office já emitiu mais de quatro mil patentes relacionadas à nanotecnologia e 2.700 estão pendentes.

Mais recentemente, as grandes empresas globais de dessalinização e purificação e tratamento de água criaram divisões para explorar a última grande estrela tecnológica no negócio da água: a nanotecnologia na água. Com o objetivo de limpar água suja, os cientistas das empresas estão investigando o mundo submicroscópico das nanopartículas para buscar e destruir as fontes de poluição da água subterrânea com diversas formas de nanotecnologia, como nanomembranas e zeólitos nanoporosos (sólidos cristalinos microporosos). Nessa busca, eles são auxiliados por amplas pesquisas altamente financiadas pelos governos. Por exemplo, o governo israelense está investindo pesado na pesquisa de nanotecnologia em cinco universidades — Weizmann Institute of Science, Technion, Israel Institute of Technology, Tel Aviv University e Bar-Ilan — e o governo dos Estados Unidos está investindo cerca de US$ 2 bilhões em pesquisa e desenvolvimento de nanotecnologia.

Diversos departamentos do governo dos Estados Unidos se reuniram em 2004 para formar a Iniciativa Nacional em Nanotecnologia, que mais recentemente começou a financiar pesquisas universitárias no campo da nanotecnologia na água. Em novembro de 2006, foi gerada uma grande empolgação com o anúncio de que cientistas da Rice University, no Texas, usando nanopartículas de óxido de ferro cinco mil vezes menores que a espessura de um fio de cabelo humano, descobriram que partículas criadas por engenharia de precisão eram capazes de separar muito mais contaminantes tóxicos como arsênico da água do que os filtros existentes. No mesmo mês, pesquisadores da UCLA anunciaram o desenvolvimento de uma nova membrana de osmose reversa que eles alegam reduzir o custo da dessalinização da água do mar e da recuperação de águas residuais. No início de 2007, a Agência de Proteção Ambiental anunciou dez concessões de pesquisa no valor de US$ 5 milhões para encontrar soluções em nanotecnologia para a água potável de baixa qualidade.

No entanto, como em muitos outros casos de pesquisas universitárias financiadas pelo governo, são as empresas privadas de água que estão controlando essa tecnologia e se aproveitando das pesquisas financiadas, pois percebem o enorme potencial de lucro. Os cientistas da UCLA estão trabalhando com uma empresa privada de nanotecnologia da Califórnia chamada NanoH$_2$0 para desenvolver uma patente sobre sua descoberta. Eles esperam que as novas membranas estejam disponíveis no mercado em 2008. A empresa diz no site que seus produtos se baseiam na pesquisa da UCLA. Os cientistas da UCLA co-fundaram o Water Technology Research Center em 2005, que colabora com o NanoSystems Institute da UCLA, cuja missão é "estimular a colaboração da universidade com o setor e permitir a rápida comercialização das descobertas em nanosistemas".

A tecnologia de dióxido de titânio está sendo testada e apresentada à indústria neste momento. O Pacific Northwest National Laboratory, do Departamento de Energia dos Estados Unidos, cuja missão é "levar a ciência para o mercado", diz em seu site: "Esses modernos materiais estão prontos para ser comercializados". Dezenas de outras pequenas empresas de nanotecnologia da água estão surgindo nos Estados Unidos, incluindo KX Industries, em Orange, Connecticut; Argonide, em Sanford, Flórida; e eMembrane, em Providence, Rhode Island. A história é a mesma em vários outros países. A Austrália hospedou um fórum em junho de 2006 chamado Commercialising Nanotechnology in Water, que reuniu líderes do governo, da academia, da ciência e da indústria para "ajudar no desenvolvimento e na comercialização de nanotecnologias em água". O principal resultado da conferência foi a criação de um National Consultative Committee on Nanotechnology Commercialisation para "coordenar e acelerar a inovação e servir de plataforma para que o governo, a indústria e a academia impulsionem a adoção da nanotecnologia comercial".

Evidentemente, a Suez, a Veolia e a GE já são as líderes em nanotecnologia da água. A Veolia se uniu à Filmtec, subsidiária da Dow Chemical, para desenvolver sua própria tecnologia de nanofiltração. A Suez instalou sistemas de "ultrafiltração" por nanotecnologia em uma usina nos arredores de Paris. A missão da Water Technologies da GE é "ser reconhecida como a maior fornecedora do mundo de programas de tratamento de água mecânico e criado por engenharia" usando nanotecnologia. O fundo de negócios futuros do grupo químico alemão BASF dedicou uma proporção significativa de seu fundo de US$ 105 milhões para pesquisas em nanotecnologia à tecnologia de purificação da água. Sempre na dianteira de tecnologias futuras, essas e outras corporações privadas estão se movimentando para obter o controle da melhor nova tecnologia disponível.

### Tecnologias em Desenvolvimento

E também existem as tecnologias em desenvolvimento que geram o interesse de investidores. Estão incluídos aí os fabricantes de Atmospheric Water Generators (AWGS) — máquinas que literalmente extraem água do ar. Existem dezenas de fabricantes de pequenas máquinas que atualmente suprem residências e escritórios, como a Hendrx Corp., sediada na China, com vendas anuais de mais de US$ 5 milhões, e a Hyflux, de Cingapura. Mas algumas estão buscando extrair maiores quantidades de água da atmosfera para fornecer água às regiões e populações secas. A Aqua Sciences é uma empresa da AWG na Flórida que desenvolveu a tecnologia para produzir 4.500 litros de água por dia a partir de sistemas móveis totalmente autocontidos de geração de água doce (que parecem grandes trailers), atualmente contratada pelo Pentágono para fornecer água aos soldados americanos que lutam no Iraque. A Free Water Inc. é outra empresa da AWG sediada nos Estados Unidos que produz grandes volumes de água a partir da atmosfera. Ironicamente, por conta de seu nome (em inglês, "free water" significa "água gratuita"), a Free Water desenvolveu patentes com sua parceira Air2Water, que lhe permitirão "controlar e desenvolver o mercado sem concorrência".

A semeadura de nuvens — prática de semear nuvens com iodeto de prata e gelo seco a partir de aeronaves para aumentar a possibilidade de chuva — está crescendo e atualmente é usada em 24 países, incluindo Austrália, Estados Unidos e China, onde a prática é tão comum que hoje existem conflitos entre aldeias e cidades por causa de "roubo de nuvens". A China é a maior semeadora de nuvens do mundo: gasta cerca de US$ 50 milhões ao ano e emprega 35 mil pessoas para extrair chuva das nuvens. Funcionários públicos estimam que a semeadura de nuvens aumentou a precipitação de chuva em 10%, mas alguns cientistas consideram, preocupados, que a prática pode ter efeitos prejudiciais sobre o ciclo hidrológico. Embora as empresas que estão no negócio de semeadura de nuvens ainda sejam, na maioria, locais, esse mercado claramente tem potencial para crescer.

### *Direitos de Propriedade da Água*

Também há a nova prática de comprar, negociar e vender água a granel e direitos de água. Uma grande quantidade de empresas privadas de corretagem de água, com nomes como Watermove, Waterfind e Elders Water Trading, surgiu em 2001, depois que o governo da Austrália alterou a lei para permitir que proprietários de terras rurais e fazendeiros "desatrelassem" a água da terra e a vendessem para habitantes urbanos. WaterBank é uma empresa de corretagem e investimentos bancários que "conecta vendedores a compradores de direitos de água, concessionárias de água, fontes, água geotérmica e água a granel". A empresa alega ter 375 fontes de água à venda em todo o mundo, mas fornece pouca informação sobre a empresa e seus dirigentes em seu site. Esclarecendo, a WaterBank diz: "A WaterBank e seus funcionários realizam uma quantidade significativa de relatórios investigativos exclusivamente registrados neste site. Devido ao caráter altamente político da água e aos interesses potencialmente perigosos dos atores, nos consideramos jornalistas e, como tal, as fontes de grande parte de nosso material são [sic] estritamente confidenciais e devem permanecer assim".

A WaterColorado.com, um comerciante de água sediado no Colorado, relata que os preços da água aumentaram 40% no estado apenas em 2006. O presidente da empresa, Joe O'Brien, diz que, nos anos de 1950, um acre-pé de água do projeto Colorado Big Thompson custava um dólar e, atualmente, é vendido por US$ 16 mil. (Um acre-pé de água equivale a 1,3 milhão de metros cúbicos e pode sustentar duas famílias de quatro pessoas por um ano, de acordo com o uso atual de água nos Estados Unidos.)

Talvez antecipando o surgimento desse mercado de água, os empreendedores da água estão caçando novas fontes de água e comprando água a granel e direitos de água e guardando tudo para obter lucro no futuro. A Vidler Water Company é o braço de corretagem de água da PICO Holdings, uma empresa de recursos hídricos da Califórnia que está no negócio de "aquisição de recursos hídricos estratégicos e instalações para armazenamento de água" com o objetivo de "estabelecer um fluxo de renda de longo prazo através da venda ou do arrendamento de recursos hídricos e instalações de armazenamento no subsolo tanto para usuários públicos quanto privados". Dorothy Timian-Palmer, antiga administradora de água de Carson City e agora presidente da Vidler, chama sua empresa de "desenvolvedora da água". No início de 2007, a empresa era proprietária de mais de 135 mil acre-pés de direitos de água no Nevada e no Arizona — que hoje valem cerca de US$ 500 milhões. Mas a empresa está guardando a maior parte de sua água e planejando comprar mais porque o preço da água está constante e inexoravelmente aumentando no Meio Oeste americano.

T. Boone Pickens, bilionário do Texas com 78 anos de idade, criou uma empresa chamada Mesa Water, que comprou 200 mil acres (cerca de 80 mil hectares) de direitos de água subterrânea em Roberts County, com os quais ele espera gerar mais de US$ 1 bilhão com um investimento de US$ 75 milhões. Ele também está pleiteando o direito de bombear a água do Ogallala e vendê-la para El Paso, Lubbock, San Antonio e Dallas. Até agora, seu acúmulo de água não foi contestado pelas autoridades públicas.

Não é de surpreender que várias empresas estejam preparadas para embarcar água a granel para o mundo todo por um preço. A World Water S.A. está registrada em Luxemburgo, mas opera nos arredores de Anchorage, no Alaska, onde mora seu presidente, Ric Davidge. Davidge, antigo imperador da água no governo do Alaska, abriu o caminho para as vendas de água a granel. Ele agora lidera a World Water, que identifica "mercados viáveis de água em todo o mundo para firmar contratos de longo prazo de fornecimento de água a granel do tipo *take-or-pay* (pague mesmo que não use) com compradores públicos ou privados". Sua empresa é parceira da NYK, empresa japonesa de transporte; da Nordic Water Supply, que administra uma operação de transferência de água em sacos entre Chipre e Turquia; e da Alaska Water Exports, que planeja exportar água a granel do Alaska para a Califórnia.

A Flow Inc., da Carolina do Sul, quer embarcar água em tanques de lastro vazios em grandes navios-tanque de petróleo depois que eles entregarem a carga em portos dos Estados Unidos e estiverem voltando para o Oriente Médio. O presidente da empresa, Eugene Corrigan, diz que está prestes a assinar um contrato com uma importante empresa de navios-tanque que poderia exportar 165 milhões de metros cúbicos de água doce ao ano para países do Oriente Médio que possam pagar por essa água. Ele disse à Global Water Intelligence que os ricos países do Golfo já têm a infra-estrutura para descarregar remessas de água a granel.

## *A Indústria da Água Engarrafada Está Prosperando*

E há, evidentemente, o fenômeno da água engarrafada. A água engarrafada não é algo novo, embora tenha sido originalmente criada como remédio para os ricos. Em 1855, a Vittel Grande Source, da França, conseguiu uma permissão para vender sua água mineral em recipientes individuais; poucos anos depois, a Perrier recebeu uma licença semelhante. Cem anos depois, a Vittel lançou a primeira garrafa plástica voltada para o mercado de consumo predominante e a corrida começou. Aquilo que iniciou como um produto de consumo luxuoso tornou-se uma das indústrias de crescimento mais rápido do mundo. No início dos anos 1970, cerca de um bilhão de litros de água eram vendidos anualmente em todo o mundo. Em 2006, o consumo global havia aumentado para cerca de 200 bilhões de litros e, com taxas de crescimento anual de cerca de 10%, não há previsão de fim para esse setor.

Os americanos são os que consomem mais água engarrafada (32 bilhões de litros ao ano), seguidos do México (20 bilhões de litros), da China e do Brasil (14 bilhões de litros cada) e da Itália e da Alemanha (12 bilhões de litros cada). O consumo de água engarrafada está crescendo mais rápido em países em desenvolvimento, especialmente na Índia (onde o consumo triplicou entre 2000 e 2005), China, México e África do Sul (crescendo em um ritmo de 25% ao ano). Como a água engarrafada custa algo entre 240 a 10 mil vezes mais que a água de torneira, dependendo da marca, os lucros são muito altos nesse setor. (Pelo preço de uma garrafa de Evian, o norte-americano médio poderia comprar 4 mil litros de água de torneira.) A estimativa conservadora é que a indústria da água engarrafada vale US$ 100 bilhões anualmente.

Quatro empresas dominam a atividade da água engarrafada. A gigante alimentícia suíça Nestlé começou a comprar marcas bem-sucedidas, como Vittel, Perrier, San Pellegrino e Poland Springs, nos anos de 1990 e, em

1998, lançou sua própria divisão de água, inicialmente chamada de Nestlé Pure Life, e atualmente chamada de Nestlé Waters. Os lucros da empresa aumentaram 14% em 2006, sendo que a água engarrafada foi responsável por quase 10% das vendas da empresa. A tática da Nestlé é comprar outras marcas depois que elas se tornam bem-sucedidas. Com 70 diferentes marcas famosas vendidas em 130 países, a Nestlé é a líder inquestionável do setor. A Danone é a rival européia da Nestlé, com marcas como Evian e Volvic, e vendas anuais de cerca de 20 bilhões de litros — 70% em mercados emergentes — e crescimento anual de 10% no lucro. Ambas as empresas vendem águas de nascentes e fontes subterrâneas e estão constantemente buscando novos suprimentos no mundo todo.

A PepsiCo e a Coca-Cola são os concorrentes americanos, com as linhas Aquafina e Dasani nos Estados Unidos e dezenas de outras marcas internacionais. Diferentemente de seus concorrentes europeus, a Pepsi e a Coca-Cola usam água de torneira, que passam por osmose reversa e à qual adicionam sais minerais. A rivalidade entre as duas é intensa; pela primeira vez em sua história de 108 anos, em 2006, a Pepsi ultrapassou a Coca-Cola em vendas totais, registra a revista *Fortune* de fevereiro de 2006, embora a Coca-Cola ainda venda mais refrigerante que a rival. O motivo: a Pepsi sabia, antes da Coca-Cola, que a água engarrafada seria um investimento absurdamente lucrativo e aplicou recursos em sua divisão de água que a Coca-Cola está começando a copiar agora, o que fez com que a Aquafina fosse a marca número um de água. Os lucros totais da Coca-Cola caíram 20% em 2006; a única salvação foi a divisão de água engarrafada, cujos lucros aumentaram 10%. Para aumentar a disputa, a Coca-Cola comprou a parte da Danone na indústria de água engarrafada, nos Estados Unidos, e deu um enorme salto no setor de água vitaminada em maio de 2007, com a compra, por US$ 4,1 bilhões, da empresa Energy Brands, de Whitestone, New York.

"Este é um setor que pega um líquido gratuito que cai do céu e o vende por até quatro vezes o que pagamos pela gasolina", disse Richard Wilk, professor de antropologia na Indiana State University e que estudou o setor de perto, ao *San Francisco Chronicle*. Na maioria dos países industrializados, a água de torneira é pelo menos tão limpa quanto a água engarrafada e, muitas vezes, mais limpa, observa ele. Mas a indústria tem sido tremendamente bem-sucedida ao usar os mitos da deterioração dos sistemas públicos de água e dos poucos incidentes de contaminação que ocorreram para vender seu produto como a única fonte segura de água. (No início de 2007, a Group Neptune, empresa de água engarrafada de nicho em Paris, causou uma comoção quando ocupou a cidade com 1.400 cartazes mostrando a foto de um vaso sanitário aberto em justaposição a uma garrafa de uma de suas marcas, Cristaline, e a mensagem "Eu não bebo a água que uso para dar descarga".)

No mundo em desenvolvimento, a água engarrafada atende à elite; a ampla maioria das pessoas não pode pagar pela água engarrafada e deve confiar em fontes, em muitos casos, poluídas para suas necessidades diárias. É uma ironia terrível que, na busca competitiva por novos mercados, as empresas normalmente tirem a água de comunidades pobres no hemisfério sul para vender a mercados sofisticados no rico hemisfério norte.

Algumas empresas e marcas enfatizam a pureza de seus "produtos". A Fiji Water ostenta que vem de um "aqüífero artesiano localizado à margem de uma floresta tropical primitiva", cujo método de produção assegura que a água se mantenha "intocada por pessoas". A empresa de engarrafamento Koyo retira diariamente um milhão de litros de água salgada do oceano a 900 metros abaixo da superfície da Grande Ilha do Havaí, que então passa por osmose reversa para ser vendida com a marca MaHaLo Hawaii Deep Sea como a "água mais pura da Terra". A Cloud Juice, de King Island, é água de chuva engarrafada, colhida na costa da Tasmânia. Ao custo de US$ 80 o pacote com doze, a natureza dessa água muda de acordo com a temperatura em que é servida, segundo a empresa, "de levemente refrescante quando resfriada até um aveludado elegante quando servida à temperatura ambiente".

Outras, como a Trump Ice, de Donald Trump, que é servida em cassinos e hotéis, abastecem um mercado sofisticado. A 10 Thousand BC, da Source Glacier Beverage Company, é anunciada como água "ultra-premium", derivada de uma geleira com proteção ambiental na Colúmbia Britânica e engarrafada e tampada ao som de "música inspiradora". A empresa diz que seu produto é a "Ferrari das águas". A Bling $h_2O$ é invenção de um produtor de Hollywood que percebeu que, nos sets de filmagem, "a imagem é algo da mais absoluta importância [...] sabe-se muita coisa sobre uma pessoa observando a água engarrafada que ela carrega [...] Nosso produto tem posicionamento estratégico para atingir o mercado de consumo de altíssimo luxo, atualmente em expansão. É uma água exclusiva anunciada como um Rolls-Royce Phantom". As garrafas da Bling são cobertas de cristais Swarovski e são vendidas por 40 a 75 dólares a garrafa de um litro.

## Crianças como Alvo

O mais novo público-alvo da indústria da água engarrafada são as crianças. Sob pressão de pais e defensores da saúde para remover bebidas açucaradas das escolas, as empresas têm de concorrer entre elas pela fidelidade à marca de água engarrafada, relata a *Brandweek*. A Nestlé está vendendo a Aquapod, em forma de um foguete e voltada para o mercado de crianças entre 6 a 12 anos de idade. O slogan da Aquapod é "Um estouro de diversão". As propagandas do produto chegaram a revistas em quadrinhos da DC, ao canal Nickelodeon e a programas de televisão infantis. A Nestlé contratou a BzzAgent, empresa de marketing boca a boca, sediada em Boston, para levar amostras a dez mil mães e gastou mais de US$ 20 milhões em mídia nos anos de 2004 e 2005. Uma das propagandas mostra um velhinho resmungando enquanto um menino parecido com Bart Simpson olha para ele, entediado. Então, surge um cartaz que diz "Puxe aqui para um estouro de diversão". O menino puxa e o velhinho é esmagado pela garrafa de Aquapod.

A Kids Only LLC, líder dos Estados Unidos na fabricação de produtos infantis, lançou sua própria marca de água engarrafada chamada Kids OnlyTM Bottled Water. A Kids Only se associou aos personagens ScoobyDoo, Bratz, Super-homem e Homem-aranha, que enfeitarão as garrafas para que "as crianças possam obter a hidratação necessária de modo divertido — bebendo água potável vendida em garrafas colecionáveis que são decoradas com seus personagens preferidos". Para não ser ultrapassada, a Cott Beverages se associou à Disney para produzir água potável purificada com a marca "Procurando Nemo" e água saborizada fortificada com a marca "Os Incríveis". Uma embalagem com seis unidades custa US$ 3,99. E isso é apenas o começo. A Advanced $H_2O$ entrou na atividade com a Crayola Color Coolerz, enquanto empresas menores estão entrando no mercado com produtos de água engarrafada, como Wild Waters e WaddaJuice.

## As Empresas Privadas Lucram com o Ouro Azul

### Aumento Repentino dos Mercados

Há uma razão muito boa para tantas empresas decidirem entrar no segmento da água. À medida que o suprimento de água doce do mundo definha, aumenta a necessidade de encontrar novas fontes, criando um novo mercado em um setor no qual não havia nenhum antes. O novo mercado criou uma nova oportunidade de investimento, e subitamente a água se tornou um bem em alta no mercado de ações. Existem pelo menos 12 índices importantes da água, bem como novos fundos negociados na bolsa que lidam exclusivamente com a água. Como observam os analistas do setor, a água está em alta não apenas devido à crescente necessidade de água limpa, mas porque a demanda nunca é afetada pela inflação, recessão, taxas de juros ou mudança de gosto. "A água impulsiona o crescimento até onde a vista alcança", disse Deane Dray, conselheira de assuntos hídricos da Goldman Sachs, ao *New York Times*. A Lehman Brothers prevê que a quantidade de pessoas servida globalmente por empresas de água de propriedade de investidores deve aumentar 500% na próxima década.

John Dickerson, do Summit Water Equity Fund, sediado em San Diego, diz que o "universo" de seu fundo hedge é composto de 359 empresas que valem US$ 661 bilhões. O segmento da água é o setor de bens com crescimento mais rápido entre os "três maiores" (os outros são petróleo, gás e eletricidade), diz Dickerson em seu relatório anual de 2006, e tem mais "vento nas velas" que qualquer outro setor globalizado. "O tema global da insuficiência de água em relação à demanda incessante, em conjunto com todas as tendências e oportunidades relacionadas que ele gerou, continua a beneficiar as possibilidades de uma ampla gama de empresas de capital aberto que ajudam a fornecer soluções para o dilema da oferta/demanda. Existe um amplo universo global de oportunidades de investimento dentro do tema do investimento em água, eliminando totalmente a típica resistência a investimentos em fundos setoriais, que são muito mais limitados em escopo e suscetíveis a influências cíclicas. O investimento em água é um tema global amplo e profundo, e diverso demais para ser considerado investimento setorial."

A empresa de bancos de investimento Seidler Capital está tão entusiasmada com o futuro da indústria da água que lançou um Water Group e promove conferências chamadas de Profiting from Water — Business and Investment Opportunities in Water. "A indústria da água é a maior e talvez a mais dinâmica do mundo", diz o folheto explicativo de uma dessas conferências realizadas em novembro de 2005 no hotel Ritz-Carlton em Marina del Rey, na Califórnia. "O objetivo da conferência é apresentar uma interpretação melhor de como ser bem-sucedido na indústria da água e como você pode se ajustar à revolução da água nesta década."

"As commodities de água costumavam ser consideradas ações entediantes e defensivas", diz o *MoneyWeek*, influente jornal financeiro online britânico. "Não é mais assim. O setor de água nos Estados Unidos deu um retorno de 244% nos últimos cinco anos, com desempenho cerca de 260% maior que o S&P [Standard & Poors] 500. [...] No Reino Unido, as concessionárias relacionadas à água também geraram retornos impressionantes." A Global Water Intelligence relata que as ações de água tiveram um desempenho drasticamente maior que o dos mercados de ações em 2006, sendo que seu próprio índice de mercado subiu 40%, em comparação com o MSCI World Index, que aumentou modestos 7,4% em 2006. O suíço Pictet's Water Fund, primeiro no mercado quando este foi criado, em janeiro de 2000, aumentou 22,8%, e o Sustainability Water Fund, da Sustainable Asset Management (SAM), ficou 20,7% à frente. A Pictet promove fundos em 40 países com as grandes empresas concessionárias, como a Suez e a Veolia, e a empresa de água engarrafada Danone. O fundo da SAM, também suíço, investe em empresas tão diferentes quanto fabricantes de vasos sanitários e purificadores de água.

O banco francês Société Générale criou, em fevereiro de 2006, um certificado de índice para o World Water Index (WOWAX), que é um índice especializado, e promove investimentos nas 20 maiores empresas globais de água ativas em fornecimento, infra-estrutrura e purificação de água. A água é o "ouro azul", diz o site do índice, com "significativo" potencial de crescimento. "Com a nova garantia Index Turbo no World Water Index, os investidores têm a oportunidade de lucrar com o desenvolvimento das 20 maiores organizações globais nas áreas de concessionárias, infra-estrutura e tratamento de água." A *Bloomberg News* informa que seu índice de água para 11 concessionárias gerou um retorno de 35% ao ano desde 2003, em comparação com os 29% das ações de petróleo e gás. Na verdade, diz a Global Water Intelligence, a demanda por ações de água aumentou mais rápido que a oferta de oportunidades de investimento. Em maio de 2007, o Credit Suisse, em parceria com a Macquarie Equities, lançou o PL100 World Water Trust, um fundo de investimento australiano para estimular a indústria internacional da água. "A indústria da água é semelhante à indústria do petróleo em sua época de ouro", disse um diretor do fundo em seu lançamento.

### Oportunidades de Investimento

Não há escassez de oportunidades de investimento em água para aqueles que têm dinheiro. Jim McWhinney, da Investopedia, um serviço on-line de consultoria em investimentos de Alberta, no Canadá, explica que "assim como qualquer outra escassez, a falta de água gera oportunidades de investimento, e o interesse na água é o mais alto de todos os tempos". As ações na ITT aumentaram 135% entre 2002 e 2007. A Pentair, empresa americana de ferramentas, comprou a Wicor, empresa de tratamento de água, em 2004 e, com a subsidiária coligada da Met-Pro, a Pristine Water Solutions, está ganhando muito dinheiro. O presidente da empresa, Raymond De Hont, disse ao *New York Times*: "Há dez anos, éramos uma empresa de bombas de US$ 100 milhões. Hoje estamos fazendo US$ 2,13 bilhões só com a água." Outros atores americanos recentes que estão lucrando com a mina de ouro da água incluem o WaterBank of America, uma fornecedora global de gelo para hotéis e cruzeiros de luxo criada em 2002, que adquiriu um "banco" de nascentes de água doce de alta qualidade para suprir sua atividade; a Watts Water Technologies, fornecedora de peças industriais para tecnologia hídrica com 75 instalações em todo o mundo; e a Itron, que fabrica e administra medidores de água em todo o mundo.

No topo da lista de índices a serem observados está o Palisades Water Index, um grupo de 37 empresas de água, cinco delas estrangeiras, que funciona no mercado americano. Esse índice é projetado para rastrear o desempenho das empresas envolvidas na indústria global da água e teve um aumento médio de 18,7% ao ano desde 2001. A American Stock Exchange (AMEX) começou a publicar o Palisades Water Index no painel de informações consolidadas em 11 de dezembro de 2006. Atualmente, o índice é publicado diariamente a cada 15 segundos. Um novo fundo negociado na bolsa de valores, o PowerShares Water Resources Portfolio, estabelecido no final de 2005 para rastrear o desempenho do Palisades Water Index, já atraiu cerca de US$ 1 bilhão em patrimônio — quatro vezes a média de outros fundos lançados na mesma época, informa Tim Middleton, da MSN Money, um serviço on-line de relatórios do mercado.

O Media General Water Utilities Index aumentou 133% ao longo da década, e o Praetor Global Water Fund, de Paris, está apresentando crescimento semelhante. O Terrapin's Water Fund, de Nova York, gerou retorno de 22% no primeiro ano, depois de ter sido lançado em abril de 2005. O Dow Jones U.S. Water Index, composto de 23 ações que aumentaram

98 Água, Pacto Azul

colossais 221% entre 2000 e 2006, é outro grande ator, assim como o ISE-B&S Water Index, lançado em 2006 pela International Securities Exchange "em resposta ao crescente interesse na água como um recurso escasso", e o S&P 1500 Water Utilities Index, composto de apenas duas empresas: American States Water e Aqua America, as maiores concessionárias privadas de água dos Estados Unidos, com cerca de três milhões de clientes somados. O Bloomberg World Water Index e o MSCI World Water Index geram informações sobre a atividade global da água.

### Capa Verde

Vários fundos de água se vendem como "ambientais", mas seus interesses na privatização e nos lucros são claros. O Global Environment Fund é um fundo de investimentos americano registrado na SEC com patrimônio de cerca de US$ 1 bilhão e obrigação de investir em práticas sustentáveis. No entanto, o fundo declara abertamente o papel que desempenhou para forçar a privatização da SANEPAR, empresa de água brasileira de propriedade do estado: "O GEF investiu cerca de US$ 30 milhões na [SANEPAR] e tem um papel importante no consórcio de investidores estratégicos que assumiram a administração da empresa."

O Global Environment Emerging Markets Fund é um fundo de participação privada de US$ 70 milhões relacionado ao GEF com investimentos em empresas privadas de água que operam no Terceiro Mundo. Um dos investimentos na África incluiu a instalação de uma usina continental de tratamento de água com uma empresa de produtos de consumo dos Estados Unidos. O Atlantis é outro fundo de participação privada "verde" com patrimônio de US$ 250 milhões, lançado como joint venture entre o Global Environment Fund e a Poseidon Resources para criar usinas de dessalinização privadas em países em desenvolvimento.

O Aqua International Partners é um fundo de participação privada de água fundado por William K. Reilly, ex-dirigente da Agência de Proteção Ambiental (EPA), cujo objetivo é "investir em operações e empresas com objetivos especiais que sejam dedicadas a: água engarrafada; operações de purificação e tratamento de água — em processo de privatização ou recém-criadas; equipamentos ou produtos para fabricação (por exemplo, dutos, encanamentos, medidores, filtros etc.) para usuários de água comerciais, industriais e residenciais; outras atividades ou serviços relacionados de apoio à purificação, tratamento e fornecimento de água". Durante seu mandato como dirigente da EPA (1989-1993), Reilly era responsável pelo maior programa de financiamento de fornecimento de água e tratamento de águas residuais pelo governo dos Estados Unidos, supervisionando mais de US$ 8 bilhões de investimento em água. Em seu novo cargo, ele está bem posicionado para tirar vantagem de milhões em financiamento de base para a Aqua International do U.S. Overseas Private Investment Company, uma agência do governo americano que "apóia investimentos americanos em mercados emergentes do mundo todo, estimulando o crescimento dos mercados livres".

Qual o tamanho da indústria global da água? Repetidamente, ouve-se que o mercado de água vale US$ 400 bilhões ao ano. Mas essa é uma estatística datada e normalmente se refere apenas às grandes empresas de serviço e ao setor mais tradicional de tratamento de esgoto. O Summit Water Equity Fund sozinho lida com empresas de água que valem quase US$ 700 bilhões. É claro que, se a água engarrafada for incluída, bem como os bilhões que serão destinados aos reparos de infra-estrutura no futuro próximo, além das novas tecnologias de purificação, dessalinização e nanotecnologia, o mercado global de água pode ser considerado, em termos conservadores, um setor de mais de um trilhão de dólares sem previsão de limite. Adicione empresas de transporte para levar água para o mundo todo à medida que o comércio de água e as exportações a granel aumentam, bem como empresas de encanamentos e construções para montar a rede global de dutos agora no estágio de planejamento, e a estimativa chega a vários trilhões. Então, adicione a energia nuclear para abastecer a indústria. Pergunte a qualquer corretor da bolsa: não há limite para o dinheiro gerado pela água.

## O Controle Corporativo da Água Aprofunda a Crise Global da Água

É evidente que o mundo está se dirigindo a um cartel de água doce controlado por corporações, com empresas privadas — apoiadas por governos e instituições globais — tomando decisões fundamentais sobre quem tem acesso à água e sob quais condições. É improvável que cheguemos a uma época em que não haja envolvimento privado na água. Além disso, a maioria dos críticos não está dizendo que não há lugar para as empresas privadas nas soluções a serem encontradas para a futura crise global da água. No entanto, há uma necessidade desesperada de supervisão e controle públicos do suprimento mundial de água, que está diminuindo, e de que os governos eleitos, e não as corporações, tomem decisões sobre esse patrimônio compartilhado antes que seja tarde demais.

Uma pergunta sem resposta, por exemplo, é quem será dono da água reciclada por corporações de reutilização de água. De forma argumentável, uma empresa privada poderia alegar que purificou uma água suja e agora é proprietária do "produto" final. Sem dúvida, as empresas de água engarrafada hoje são proprietárias da água que tratam e vendem. Imagine um dia em que a maior parte da água chegue até nós reciclada por empresas privadas: Elas serão donas da água em si ou apenas do direito de lucrar por tê-la limpado? Se forem donas, elas serão capazes de decidir quem vive e quem morre?

Dito de modo simples, a resposta à crise mundial da água está nos princípios de conservação, justiça da água e democracia. Nenhuma corporação global que deve ser competitiva para sobreviver pode funcionar de acordo com esses três princípios. Existem três grandes problemas com o crescente controle corporativo da água.

### Não Há Incentivo para Interromper a Poluição

O problema é que a conservação não dá lucro. Na verdade, é uma grande vantagem para a indústria privada da água que os suprimentos de água doce do mundo estejam sendo poluídos e destruídos. Mesmo que os líderes corporativos individuais não tenham prazer na crise global da água, é exatamente essa crise que está impulsionando os lucros em seu setor. A "mão morta" do mercado favorecerá as empresas que maximizarem seus lucros e, no negócio da água, isso significa tirar vantagem de um suprimento em declínio que não pode atender a uma demanda crescente. (Nos minutos de várias reuniões confidenciais em novembro de 2005 na American Water, da RWE, obtidos pela Food and Water Watch, o CEO Harry Roels lamentou o fato de que os custos adicionais gerados para a empresa pela regulamentação ambiental não poderiam ser repassados aos consumidores, pois estes diminuiriam a demanda para responder aos aumentos de tarifas. Se o objetivo da empresa fosse a conservação, esse tipo de reação seria uma coisa boa.) Além disso, com governos, indústrias e universidades investindo tão pesado no desenvolvimento do setor de tecnologia de limpeza da água, existem, em todos os níveis, cada vez menos incentivos para promover a proteção e a conservação das fontes. Depois que uma enorme e dispendiosa indústria de limpeza estiver estabelecida, a pressão econômica e política será sobre os governos e as instituições globais para protegê-la. A tecnologia, controlada pelas corporações, guiará a política.

Já existem regras comerciais globais para estimular a indústria de tecnologia da água. A Organização Mundial do Comércio promove e protege o comércio de serviços ambientais, estimulando o comércio internacional e o investimento em empresas privadas de limpeza de água. Em todos os bens e serviços negociáveis, os governos são estimulados a abrir mão do controle público do tratamento de água para o setor privado e têm de assegurar que as regras estabelecidas limitem o mínimo possível o comércio. Isso significa que as regras e regulamentações que eles criam para proteger o público e o meio ambiente não devem obstruir as empresas privadas, e a pressão é exercida sobre os governos para que eles "diminuam a burocracia" e baixem seus padrões. Além disso, de acordo com a cláusula de Tratamento Nacional da OMC, os governos não podem favorecer empresas nacionais de água e terão de abrir os processos de licitação para as transnacionais de tecnologia da água, que estão cada vez mais poderosas.

### *Apenas os Ricos Terão Água Limpa*

O segundo problema do controle corporativo da água é que a água e sua infra-estrutura — desde serviços de água potável e concessionárias de saneamento até água engarrafada, tecnologias de limpeza e usinas de dessalinização abastecidas por energia nuclear — fluirão para onde há dinheiro, e não para onde é necessária. Nenhuma corporação está nessa atividade para fornecer água aos pobres. Isso, dizem os líderes corporativos, é função dos governos. As pessoas que não podem pagar não serão servidas.

Agora mesmo, países ricos como Arábia Saudita e Israel são dependentes de dispendiosas tecnologias de purificação de água para a vida cotidiana, enquanto países igualmente sedentos de água como a Namíbia e o Paquistão não podem pagar por esse tipo de tecnologia, então seus cidadãos sofrem com graves faltas de água. A água engarrafada é prerrogativa exclusiva daqueles que podem pagar por ela, assim como a água limpa de torneira em várias partes do mundo. A World Water e a Flow Inc., duas empresas à beira da atividade de transferência de água a granel, estão pensando em enviar seus primeiros carregamentos não para as partes do mundo onde as pessoas estão morrendo por água, mas para Las Vegas e Los Angeles, no caso da World Water, e para a Arábia Saudita e os Emirados Árabes Unidos, no caso da Flow.

Além disso, assim como em todo grande setor industrial, a indústria da água está se tornando muito poderosa no lobby e no aconselhamento de governos e instituições globais no que se refere a políticas da água. Como mostrado no Capítulo 2, as grandes empresas de serviço têm um enorme respaldo do Banco Mundial e da Organização das Nações Unidas, bem como de seus próprios governos. *Pipe Dreams* relata que as grandes empresas como a Suez e a Veolia realmente influenciam as decisões do Banco Mundial sobre o destino dos financiamentos de serviços hídricos. "Colocar empresas privadas no comando nos últimos anos permitiu que elas estabelecessem os interesses em termos de priorizar os assuntos, as regiões e as cidades para onde devem ir os investimentos no setor hídrico." Por causa da necessidade corporativa de lucrar, investimentos financiados por doadores não têm se concentrado nas áreas de maior necessidade, sejam países ou cidades onde vivem a maior quantidade de pobres. As comunidades rurais também têm sofrido com a falta de atenção devido à sua incapacidade de gerar lucro para as empresas de água. Como conseqüência, a África subsaariana e o sul da Ásia têm sido o foco de apenas 1% do investimento privado total prometido para o setor hídrico.

### A Natureza Terá de Cuidar de si Mesma

A terceira maior preocupação quanto ao controle corporativo da água é que, sem supervisão regulatória ou controle governamental, não haverá proteção para o mundo natural e para a necessidade de defender ecossistemas integrados contra a pilhagem de água. Na situação atual, na maior parte do mundo, os governos têm pouco conhecimento sobre onde estão localizadas suas fontes de água subterrânea ou quanta água elas contêm; conseqüentemente, eles não têm idéia de quanto podem bombear ou se as atuais operações de mineração de água são sustentáveis. Quanto mais os interesses privados controlarem os suprimentos de água, menos poder de decisão o governo e os interesses públicos terão sobre eles. A commoditização da água é, na verdade, a commoditização da natureza. Se a água no futuro só será acessível àqueles que puderem pagar por ela, quem a comprará para a natureza?

Uma tensão adicional é imposta às fontes de água rurais e selvagens em função das necessidades de água dos centros urbanos, especialmente as megacidades em expansão no mundo em desenvolvimento, necessidades que estão sendo supridas pela drenagem de lagos, rios e aqüíferos rurais e selvagens. Se os governos mantiverem o controle dos sistemas hídricos, eles podem tentar proteger os ecossistemas rurais, embora os governos estejam sob pressões concorrentes. Mas se — como tem acontecido cada vez mais — as transferências de água estiverem nas mãos de intermediários privados que concorrem uns com os outros pelos recursos cada vez mais escassos e o processo não for regulamentado pelos governos, haverá poucas proteções estabelecidas para impedir a destruição de bacias hidrográficas e ecossistemas e das espécies e da flora que sustentam.

Além do mais, todas as novas tecnologias hídricas, incluindo purificação de água, reciclagem e nanotecnologia, e muitas das atuais práticas hídricas, incluindo água engarrafada e transporte de água através de dutos, representam um risco direto tanto para o mundo natural quanto para a saúde humana.

### *Purificação e Reciclagem da Água*

Os problemas ambientais da dessalinização foram abordados no Capítulo 1. Incluem o fato de que as usinas de dessalinização consomem muita energia; podem usar no processo de entrada uma água do mar poluída com resíduos e esgoto lançados no mar sem tratamento; e geram um subproduto letal. Na verdade, a geração de um subproduto letal é padrão para todos os sistemas de purificação de água, pois eles precisam usar produtos químicos para proteger suas membranas de osmose e devem expelir esses produtos químicos junto com os ingredientes e contaminantes indesejados que foram removidos durante o procedimento de purificação. Além do mais, os processos de purificação consomem muita energia.

Cada vez mais existe interesse no uso de sistemas de purificação para reciclar águas residuais para reutilização direta, inclusive para cozinhar e beber, já que os "especialistas" garantem aos governos que a água reciclada é tão segura quanto a água de nascente. Embora poucas pessoas questionem a necessidade de utilização de água reciclada para uso industrial no ambiente de trabalho ou em jardins, banheiros e limpeza doméstica, existem preocupações reais quanto ao uso de água reciclada em banhos, para beber ou para cozinhar. Estudos recentes revelam que a água tratada pode conter resíduos de uma miríade de substâncias tóxicas, incluindo produtos farmacêuticos, hormônios, antibióticos, substâncias para quimioterapia, anticoncepcionais e disruptores endócrinos — produtos químicos que imitam os efeitos do estrogênio e têm sido ligados a anormalidades e distúrbios sexuais em animais e seres humanos. Mel Suffet, Joel Pedersen e Mary Soliman, cientistas da UCLA e da University of Wisconsin, relatam que até mesmo as mais avançadas tecnologias de ultrafiltração não removem esses e outros contaminantes. Eles estudaram os efluentes de três usinas de alta tecnologia para reciclagem de efluentes em Los Angeles, em busca de 54 produtos químicos, produtos farmacêuticos, hormônios e toxinas que não fazem parte do protocolo de monitoramento regulamentado. Cada uma dessas usinas tinha entre 29 e 34 dessas toxinas no efluente altamente tratado.

O Dr. Steven Oppenheimer, especialista americano em câncer, diretor do Center for Cancer and Development Biology na California State University, em Northbridge, apresentou preocupações semelhantes. Oppenheimer disse ao *West Australian* que o processo "do banheiro para a torneira" só deveria ser considerado como último recurso, e comparou o ato de beber água reciclada ao ato de brincar de "roleta russa" com a vida humana. "A comunidade científica mundial não conhece e não conhecerá todos os agentes tóxicos e cancerígenos que podem passar pelo processo indireto da água recuperada e chegar até a água potável", disse ele. Pesquisas da American Water Works Association na Filadélfia e em Nova Jersey encontraram traços de drogas, herbicidas, perfumes, hormônios e pesticidas em sua água tratada. Christopher Crockett, gerente de proteção de bacias hidrográficas do Departamento de Água da Filadélfia, está preocupado. "Em nosso estudo preliminar, encontramos todos os compostos que o estudo de Nova Jersey encontrou, incluindo disruptores endócrinos", disse ele ao *Philadelphia Inquirer*. A edição de maio de 2007 do jornal internacional *Water Research* relatou que pequenas concentrações de antibióticos têm a capacidade de passar até mesmo por usinas avançadas de tratamento de águas residuais. O estudo foi realizado pelo National Research Center for Environmental Toxicology da University of Queensland, na Austrália. Além disso, um artigo de junho de 2007 da *Newsweek* lançou o alerta de que os efeitos do disruptores endócrinos "se acumulam" no corpo humano e citou muitas pesquisas sobre peixes machos feminilizados que vivem a jusante de sofisticadas usinas de tratamento no Primeiro Mundo. O artigo cita cientistas que se perguntam se essas toxinas poderiam ser a causa de outras tendências bem documentadas, incluindo a puberdade precoce em meninas.

No mínimo, essa situação exige controle e testes governamentais rígidos, já que alguns países estão se voltando ativamente para a reutilização da água. E não se deve permitir que a água reciclada seja usada para beber até que se prove, por meio de testes independentes, que ela é completamente segura. No entanto, a indústria está pressionando os governos para aprovarem a água reciclada para todos os usos porque seria caro demais as pessoas instalarem dois sistemas de encanamentos em seus lares — um para água de beber e outro para água reciclada. Em *Water Reuse Markets 2005-2015: A Global Assessment & Forecast*, relatório especial publicado pela Global Water Intelligence, os autores lamentam o fato de que o principal obstáculo à reutilização da água é que essa água não é considerada adequada para beber e cozinhar porque a reutilização da água exigiria uma nova infra-estrutura dispendiosa e separada, o que, por sua vez, aumentaria os custos envolvidos nos projetos.

A resposta? "Uma mudança na política para permitir a reutilização potável direta reduziria os custos operacionais de novos projetos de reutilização da água em 30%, aumentando muito o escopo do mercado." Os principais beneficiários? "Os fabricantes de membranas e os engenheiros de processos." Não é de surpreender que a indústria esteja buscando a desregulamentação do mercado de água. "A indústria da água está no ponto em que as telecomunicações estavam a 20 anos, altamente regulamentada e à beira de uma grande mudança", disse Ori Yogev, presidente do Waterfront, um recém-formado lobby da água em Israel, à *BusinessWeek*. Em seu relatório de março de 2007, *Investing in Water*, a Progressive Investor, empresa líder em pesquisas de investimentos sustentáveis, identificou o controle público da água como uma "barreira ao crescimento". Com o fim da supervisão governamental, o céu é o limite em termos da reutilização e de outras tecnologias.

### Regulamentando a Nanotecnologia

Encontra-se uma resistência semelhante à supervisão governamental na emergente indústria da nanotecnologia em água, que está sendo forçada a contrariar os sinais de alarme que estão sendo desligados em algumas comunidades científicas e ambientais quanto às nanopartículas livres — partículas móveis capazes de se desligar do objeto no qual foram introduzidas e correr livremente na natureza ou no corpo. Dessa forma, elas podem encontrar o caminho até a pele, os pulmões, o fígado e os rins e até mesmo romper a barreira hemato-encefálica.

A situação se relaciona ao tamanho da tecnologia: quanto menor a partícula, maior sua superfície em relação a seu volume. As nanopartículas têm uma enorme relação superfície-volume, o que as torna biologicamente ativas. Mark Wiesner, professor de engenharia química na Rice University, no Texas, descobriu que as nanopartículas não flutuam uniformemente na água, e ele está pedindo uma desaceleração na tecnologia até que se possam realizar mais pesquisas independentes. A pesquisa de Wiesner, apresentada em 2004 na reunião anual da Sociedade Americana de Química, descobriu que a maneira como essas partículas se comportam em ambientes subterrâneos ou em usinas de tratamento de água são tão variadas quanto às diversas moléculas ou átomos usados para construí-las. "Quando algo diminui, as propriedades se alteram", disse Wiesner à *Associated Press*. Outros cientistas na conferência informaram que certas nanopartículas causaram danos cerebrais em peixes.

Diversas organizações ambientais e de saúde importantes dos Estados Unidos estão exigindo uma rígida supervisão governamental dessa tecnologia emergente. Em maio de 2006, os Amigos da Terra, o Greenpeace e o International Center for Technology Assessment pediram à U.S. Food and Drug Administration (FDA) para tratar as nanopartículas como "novas substâncias" e sujeitá-las a rigorosos testes de saúde e segurança antes de permitir sua entrada no mercado. Eles se unem à British Royal Society, que observa que as nanopartículas são diferentes de qualquer coisa que os seres humanos jamais criaram; a Royal Society pediu à Grã-Bretanha para adotar o princípio preventivo (de que uma substância deve ser comprovadamente segura antes de se permitir sua entrada no mercado) em sua abordagem a essa tecnologia. "Até que haja prova em contrário", diz a sociedade, "as fábricas e os laboratórios de pesquisa devem tratar as nanopartículas e os nanotubos fabricados como se fossem perigosos e buscar transformá-los o mais longe possível de fluxos de resíduos."

No entanto, o que está acontecendo é exatamente o oposto do controle governamental. Os críticos alertam que um novo mundo de propriedade e controle corporativo foi inaugurado com essa tecnologia e que, assim como a biotecnologia levou ao patenteamento corporativo da vida, a nanotecnologia levará ao patenteamento corporativo da matéria, a menos que seja interrompida. O Conselho de Defesa dos Recursos Naturais alerta, em seu site, que, sem controle governamental e público, "permitiremos que a indústria da nanotecnologia realize um experimento descontrolado com o povo dos Estados Unidos". Até agora, as nanopartículas não estão sujeitas a nenhuma regulamentação governamental especial, embora haja uma crescente pressão para os governos agirem. E a indústria parece achar tudo normal. Na primeira reunião da U.S. Food and Drug Administration Nanotechnology Task Force, realizada em outubro de 2006 em Bethesda, Maryland, representantes da indústria reafirmaram que as regras existentes são adequadas. "A FDA já tem um abrangente sistema regulatório estabelecido", disse, ao *The Scientist*, Matthew P. Jaffe, advogado que falava em nome do United States Council for International Business, ao mesmo tempo em que admitiu que não há regulamentações da FDA que tratem especificamente de nanomateriais.

### *Água Engarrafada*

A indústria da água engarrafada é uma das mais poluentes do mundo, e uma das menos reguladas. A maior parte da água engarrafada é vendida em garrafas plásticas feitas de polietileno tereftalato (PET), derivado de petróleo bruto, e produtos químicos, como polietileno e ftalatos, que podem vazar da garrafa para a água e certamente para o solo. Cerca de um quarto de toda a água engarrafada atravessa fronteiras nacionais para chegar aos consumidores, usando enormes quantidades de energia para abastecer os navios, trens e caminhões que as carregam. Um milhão de garrafas de água de beber exportadas gera a emissão de 18,2 toneladas (18 mil quilos) de dióxido de carbono. Em todo o mundo, 2,7 milhões de toneladas (cerca de 2,5 bilhões de quilos) de plástico são usados todo ano para engarrafar água, gerando montanhas de lixo e obstruindo hidrovias. Menos de 5% das garrafas plásticas do mundo são recicladas; a maioria é incinerada, o que gera subprodutos tóxicos como gás cloro e cinzas que contêm metais pesados, ou enterradas, onde levam mil anos para se biodegradar. Das garrafas plásticas de água do hemisfério norte que são recicladas, quase metade vai para a China para ser processada, onde elas estão obstruindo as hidrovias já sobrecarregadas da China e aumentando os custos energéticos desse produto.

Além disso, a extração de água para água engarrafada concentra-se perto de sistemas hídricos já estressados, como os Grandes Lagos (dos quais quase quatro trilhões de litros de água já são extraídos da bacia diariamente, de acordo com o *Detroit News*) ou em comunidades rurais, como as diversas fábricas da Coca-Cola na Índia rural, onde a súbita diminuição na água afeta menos pessoas, mas destrói as bacias hidrográficas e o sustento dos que vivem ali. Os engarrafadores de água pagam quase nada pela água que extraem e, na maioria dos países, pagam pouco ou nenhum direito de exploração ou impostos sobre esse patrimônio comum com o qual geram lucros tão enormes. Para completar, grandes quantidades de água são desperdiçadas na produção da água engarrafada da Pepsi e da Coca, que é, essencialmente, água de torneira filtrada; são necessários 2,6 litros de água de torneira para produzir 1 litro de água engarrafada dessas empresas, devido ao complicado e esbanjador processo de filtração. (Além do mais, são necessários 250 litros de água para produzir o açúcar usado nas águas aromatizadas ou refrigerantes.)

Sem contar que a água engarrafada não é muito mais segura que a água de torneira, em termos gerais. Estudos descobriram que, por serem amplamente desregulamentadas, algumas águas engarrafadas são, na verdade, menos seguras que a água de torneira, altamente regulamentada. Entre esses estudos estão a famosa pesquisa inovadora de 1999, feita pelo Conselho de Defesa de Recursos Naturais dos Estados Unidos, que levou quatro anos para ser concluída e examinou mil garrafas diferentes e 103 marcas; um estudo de 2004 com 68 marcas de água mineral da Europa, feita pelo Dr. Rocus Klont, do University Medical Center da Holanda, que descobriu "altos níveis de contaminação bacteriana", incluindo traços da bactéria legionella, bem como penicilina, na água engarrafada; e um relatório de 2006 chamado *Have You Bottled It?*, feito pelo grupo ambiental britânico Sustain, que recomenda a água de torneira no lugar da água engarrafada em nome da saúde pessoal e do planeta. A Coca-Cola foi obrigada a recolher toda sua água engarrafada Dasani no Reino Unido em 2004, quando foi descoberto que a água tinha altos níveis de bromato, um composto químico que pode causar dor abdominal, problemas de audição, problemas no fígado e até mesmo morte, em doses suficientemente altas.

Ainda assim, empresas como a Coca-Cola estão vendendo agressivamente sua água como um tipo de bebida milagrosa em escolas e universidades do mundo todo e descobrindo novos mercados à medida que as pessoas compram o mito de que apenas a água engarrafada é segura para beber. Talvez o pior aspecto da água engarrafada seja que ela leva as pessoas a verem a água como uma commodity e estabelece o cenário — uma garrafa de cada vez — para a aceitação do controle corporativo total sobre a água.

Ironicamente, a disparada da indústria de água engarrafada também criou uma poderosa oposição à commoditização da água, que constitui um importante pilar do movimento pela justiça global na questão da água. O planejado controle privado dos serviços hídricos no mundo em desenvolvimento, combinado com o súbito surgimento de novas tecnologias hídricas e com a criação de um cartel corporativo global da água, determinou a criação de uma oposição de grupos de base de cidadãos e comunidades no mundo todo. Na última década, um movimento global de cidadãos desafiou a crescente influência política de corporações transnacionais em todas as esferas da vida, bem como a insustentabilidade do crescimento ilimitado. Em especial, os ativistas têm lutado contra a privatização "dos bens comuns", aquelas áreas da vida que antes eram consideradas patrimônio comum da humanidade para o benefício de todos e que agora estão ficando sob controle corporativo para o benefício de poucos. Levando-se em consideração que a escassez de água já é uma fonte de disputa, é difícil imaginar que as empresas de água, o Banco Mundial e os atores políticos que as apóiam não tenham visto a oposição vindo em sua direção.

Capítulo 4

# Os Guerreiros da Água Contra-atacam

*Milhares viveram sem amor; nem um, sem água.*

W H. Auden, *First Things First*

Uma resistência feroz ao controle corporativo da água cresceu em todos os cantos do mundo, dando origem a um movimento coordenado e, devido aos poderes que enfrenta, supreendentemente bem-sucedido em prol da justiça na questão da água. "Água para todos" é o grito de guerra de grupos locais que lutam pelo acesso à água limpa e à vida, à saúde e à dignidade que ela gera. Muitos desses grupos vivenciaram anos e anos de abuso, pobreza e fome. Muitos ficaram sem programas de educação e saúde pública quando seus governos foram forçados a abandonar esses programas para obedecer às políticas de ajuste estrutural do Banco Mundial. Mas, de alguma forma, o ataque à água tem sido uma excelente perspectiva para milhares de pessoas. Sem água não há vida e, para milhares de comunidades em todo o mundo, a luta pelo direito a suas próprias fontes locais de água se tornou um marco politicamente estimulante.

Uma grandiosa competição surgiu entre os poderes e instituições (normalmente poderosas) que vêem a água como uma commodity, a ser colocada no mercado e vendida a quem pagar mais, e aqueles que vêem a água como um bem público, um patrimônio comum às pessoas e à natureza e um direito humano fundamental. As origens desse movimento, geralmente denominado de movimento global pela justiça na questão da água, encontram-se nas centenas de comunidades do mundo todo onde as pessoas estão lutando para proteger seus suprimentos locais de água da poluição, da destruição por causa de represas e do roubo — seja de outros países, de seus próprios governos ou de corporações privadas como as empresas de água engarrafada e as concessionárias privadas apoiadas pelo Banco Mundial.

No entanto, até o final dos anos de 1990, a maioria atuava isoladamente, sem conhecer outras lutas ou a natureza global da crise da água.

## América Latina

A América Latina foi o local onde ocorreu a primeira experiência de privatização da água nos países em desenvolvimento. O fracasso desses projetos tem sido um importante fator na rejeição do modelo de mercado neoliberal por tantos países latino-americanos que disseram não à extensão do Tratado Norte-Americano de Livre Comércio (NAFTA) para o hemisfério sul e que forçaram as grandes empresas de água a recuarem. Diversos países latino-americanos também estão se desligando das mais notórias instituições globais. Em maio de 2007, a Bolívia, a Venezuela e a Nicarágua anunciaram a decisão de deixar o Centro Internacional para a Solução de Disputas sobre Investimentos, do Banco Mundial, por causa da maneira como as grandes corporações de água têm usado o centro para abrir processos e obter indenizações quando os países cancelavam os contratos de fornecimento privado.

A América Latina, com sua abundância de água, deveria ter uma das alocações de água *per capita* mais altas do mundo. Em vez disso, tem uma das mais baixas. Existem três motivos para isso, todos interligados: águas de superfície poluídas; profunda desigualdade de classes; e privatização da água. Em muitas partes da América Latina, apenas os ricos podem comprar água limpa. Sendo assim, não é de surpreender que algumas das lutas mais intensas contra o controle corporativo da água tenham vindo dessa região do mundo.

### *Bolívia*

A primeira "guerra da água" recebeu atenção internacional quando os povos nativos de Cochabamba, na Bolívia, liderados por Oscar Oliveira, um humilde sapateiro magricelo com um metro e meio de altura, se rebelaram contra a privatização de seus serviços hídricos. Em 1998, sob supervisão do Banco Mundial, o governo boliviano aprovou uma lei que privatizava o sistema hídrico de Cochabamba e deu o contrato à gigante americana de engenharia, Bechtel, que imediatamente triplicou o preço da água, interrompendo o fornecimento àqueles que não podiam pagar por ela. Em um país onde o salário mínimo vale menos de US$ 60 por mês, muitos usuários receberam contas de água mensais de US$ 20, as quais eles simplesmente não podiam pagar. A empresa chegava a cobrá-los pela água da chuva que eles coletavam em cisternas. Como resultado, La Coordinadora de Defensa del Agua y de la Vida, uma das primeiras coalizões contra a privatização da água no mundo, foi formada e organizou um referendo bem-sucedido exigindo que o governo cancelasse o contrato com a Bechtel. Quando o governo se recusou a ouvir, milhares de pessoas tomaram as ruas em um protesto pacífico e foram recebidas com a violência do exército, que feriu dezenas de pessoas e matou um rapaz de 17 anos. Em 10 de abril de 2000, o governo boliviano recuou e disse à Bechtel que deixasse o país.

O governo boliviano também tinha se rendido à pressão do Banco Mundial para privatizar a água de La Paz e, em 1997, deu à Suez um contrato de 30 anos para fornecer serviços hídricos à cidade e à vizinha El Alto, região montanhosa em torno da capital onde vivem milhares de povos nativos. Desde o começo houve problemas. A Aguas del Illimani, subsidiária da Suez, quebrou três promessas essenciais: não forneceu água a todos os residentes, pobres e ricos, deixando cerca de 200 mil pessoas sem água; cobrou tarifas exorbitantes por conexões de água, cerca de US$ 450, equivalente ao orçamento de dois anos de uma família pobre; e não investiu em consertos de infra-estrutura e no tratamento de águas residuais, preferindo construir uma série de valas e canais em áreas pobres de La Paz, que ela usava para lançar lixo, esgoto bruto e até mesmo o efluente dos abatedouros da cidade no Lago Titicaca, classificado como Patrimônio Mundial da UNESCO. Para piorar a situação, a empresa instalou sua fábrica — que mais parecia uma fortaleza — sob o lindo Monte Illimani, onde recolhia a neve derretida da montanha e, depois de um tratamento rudimentar, a enviava por encanamentos aos lares e empresas de La Paz que podiam pagar por ela. A comunidade mais próxima, Solidaridad, uma favela de cerca de 100 famílias sem eletricidade, aquecimento ou água encanada, teve seu único suprimento de água cortado. A escola e a clínica, construídas com dinheiro de caridade estrangeira, não puderam funcionar por causa da falta de água. O mesmo aconteceu em El Alto.

Criou-se uma intensa resistência contra a Suez. A FEJUVE, uma rede de conselhos e ativistas comunitários locais, liderou uma série de greves em janeiro de 2005, que prejudicou as cidades e fez o comércio parar. Essa resistência foi um fator importante na remoção dos presidentes Gonzalo Sanchez de Lozada e Carlos Mesa. O substituto, Evo Morales, primeiro presidente indígena na história do país, negociou a saída da Suez. Em 3 de janeiro de 2007, ele realizou uma cerimônia no palácio presidencial para celebrar o retorno da água de La Paz e El Alto, depois de um longo e amargo confronto. "A água não pode ser entregue a empresas privadas", disse Morales. "Ela deve permanecer sendo um serviço básico, com participação do estado, para que a água possa ser fornecida quase de graça."

### Argentina

O Rio da Prata separa Buenos Aires, capital da Argentina, de Montevidéu, capital do Uruguai. Durante 500 anos também foi chamado de Mar Dulce (Mar Doce) porque seu tamanho levava as pessoas a pensarem que era um mar de água doce. No entanto, hoje o rio é famoso por outro motivo: é um dos poucos rios do mundo cuja poluição pode ser vista do espaço. Em 21 de março de 2006, o governo argentino rescindiu o contrato de 30 anos da empresa Aguas Argentinas, subsidiária da Suez que administrava o sistema hídrico de Buenos Aires desde 1993, porque a empresa quebrou sua promessa de tratar as águas residuais, continuando a lançar quase 90% do esgoto da cidade no rio. Além disso, em outra promessa não cumprida, a empresa repetidamente aumentou as tarifas, resultando em um aumento total de 88% nos primeiros dez anos de operação. A qualidade da água foi outro motivo; a água em sete distritos tinha níveis de nitrato tão altos que não era adequada ao consumo humano. Um relatório de abril de 2007 feito pela ouvidoria da cidade informou que a maioria da população de 150 mil habitantes no distrito sul da cidade vivia com esgotos a céu aberto e água de beber contaminada.

Ainda assim, como informa o Food and Water Watch, o Banco Interamericano de Desenvolvimento continuou a financiar a Suez até 1999, apesar das crescentes evidências de que a empresa estava mantendo seus altos lucros, cobrando uma margem de 20% ao mesmo tempo em que se recusava a investir em serviços ou infra-estrutura. Escandalosamente, com apoio do governo francês, a Suez está tentando recuperar US$ 1,7 bilhão em "investimentos" e mais de US$ 32 milhões em contas de água não pagas na corte de arbitragem do Banco Mundial, o Centro Internacional para a Solução de Disputas sobre Investimentos (ICSID). A Suez tinha acabado (em dezembro de 2005) de ser expulsa da província de Santa Fé, onde tinha um contrato de 30 anos para administrar os sistemas hídricos de 13 cidades. A empresa também está processando o governo da província no ICSID para receber US$ 180 milhões. Logo após o anúncio de Buenos Aires, a Suez foi forçada a abandonar sua última fortaleza na Argentina, a cidade de Córdoba, quando as tarifas de água aumentaram 500% em um mês.

Em todos os casos, a forte resistência da sociedade civil foi fundamental para esses recuos. Uma coalizão de usuários de água e residentes de Santa Fé, liderada por Roberto Munoz e outros, organizou um amplo e bem-sucedido plebiscito, no qual 256 mil pessoas — mais de um quarto da população da província — votaram pela rescisão do contrato da Suez. Eles reuniram a Assembléia Provincial pelo Direito à Água com 7 mil ativistas e cidadãos em novembro de 2002, que estabeleceu o cenário para a oposição política à empresa. A Comissão Popular pela Recuperação da Água em Córdoba é uma rede altamente organizada de sindicatos, centros comunitários, organizações sociais e políticas com o claro objetivo de que haja água pública para todos, e foi fundamental para conseguir que o governo quebrasse o contrato com a Suez. "O que queremos é uma empresa pública administrada por trabalhadores, consumidores e o governo da província, e monitorada por especialistas universitários para garantir a qualidade da água e impedir a corrupção", diz Luis Bazán, líder do grupo e trabalhador do setor hídrico que se recusou a ser funcionários da Suez.

## *México*
O México é uma porta de entrada para a privatização na região, sendo que suas elites têm acesso a toda água de que precisam e também têm controle sobre os governos na maioria dos níveis do país. Apenas 9% da água de superfície do país é adequada para beber, e seus aqüíferos estão sendo esgotados sem piedade. De acordo com a Comissão Nacional da Água, 12 milhões de mexicanos não têm nenhum acesso à água potável e outros 25 milhões moram em vilas e cidades em que as torneiras só funcionam algumas horas por semana. Oitenta e dois por cento das águas residuais não são tratadas. A própria Cidade do México está seca, e seus 22 milhões de habitantes vivem à beira de uma crise. Os serviços são tão ruins nas favelas e periferias da cidade que baratas saem das torneiras quando estas são abertas. Em muitas colônias na Cidade do México e em todo o país, a única água disponível é vendida em caminhões que levam água uma vez por semana, muitas vezes oferecidos por partidos políticos que vendem água em troca de votos.

Em 1983, o governo federal transferiu para os municípios a responsabilidade pelo fornecimento de água. Então, em 1992, aprovou um novo projeto de lei que encorajava os municípios a privatizarem a água para receberem financiamento. A privatização foi apoiada pelo ex-presidente Vicente Fox, antigo executivo sênior da Coca-Cola, e também é favorecida pelo atual presidente, Felipe Calderon. O Banco Mundial e o Banco Interamericano de Desenvolvimento estão promovendo ativamente a privatização da água no México. Em 2002, o Banco Mundial forneceu US$ 250 milhões para reparos na infra-estrutura, com a condição de que os municípios negociem parcerias público-privado. A Suez está profundamente entrincheirada no México, administrando os serviços hídricos na Cidade do México, em Cancún e em mais uma dezena de outras cidades. Sua divisão de águas residuais, a Degremont, tem um grande contrato com San Luis Potosi e várias outras cidades. A privatização da água tornou-se alta prioridade para a concessionária mexicana de água, a CONAGUA. Assim como em outros países, a privatização no México gerou tarifas de água exorbitantes, promessas não cumpridas e interrupções no fornecimento àqueles que não conseguem pagar. A Associação de Usuários de Água em Saltillo, onde um consórcio entre a Suez e a empresa espanhola Aguas de Barcelona administra os sistemas hídricos da cidade, informa que uma auditoria de 2004 feita pelo controlador federal descobriu evidências de violações contratuais à lei federal.

Um vibrante movimento da sociedade civil recentemente se reuniu para lutar pelo direito à água limpa e para resistir à tendência de controle corporativo. Em abril de 2005, o Mexican Center for Social Analysis, Information and Training (CASIFOP) reuniu mais de 400 ativistas, povos nativos, pequenos agricultores e estudantes para lançar uma coordenada resistência de base à privatização da água. A Coalizão de Organizações Mexicanas pelo Direito à Água (COMDA) é uma enorme aliança de grupos ambientais, de direitos humanos, nativos e culturais dedicados não apenas ao ativismo, mas também à educação comunitária sobre a água, seu lugar na história do México e a necessidade de legislação para proteger o direito público de acesso à água. As esperanças de um governo que apóie a perspectiva do grupo foram frustradas quando o candidato conservador Felipe Calderon venceu (muitos dizem que roubou) a eleição presidencial de 2006 contra o candidato progressista Andrés Manuel Obrador. Calderon agora está trabalhando abertamente com as empresas privadas de água para consolidar o controle privado dos suprimentos de água do país.

## Chile

O Chile tem fornecimento de água quase totalmente privado há uma década, principalmente com empresas britânicas. A resistência à privatização da água no Chile é muito difícil por causa do arraigado compromisso das elites dominantes com a ideologia de mercado. A reforma do mercado neoliberal foi a base da política do ditador Pinochet e a desculpa para as atrocidades realizadas durante esse regime. O Chile foi um dos primeiros países a privatizar todos os aspectos dos serviços governamentais, da saúde à educação e, posteriormente, eletricidade e água. Na verdade, no início o Chile adotou o modelo britânico de privatização da água lançado por Margaret Thatcher na Grã-Bretanha, no qual as empresas compram e controlam todo o sistema. Mas as crescentes preocupações com os impactos ambientais de transferir a propriedade de sistemas hídricos inteiros a empresas estrangeiras forçaram o governo a mudar de direção e decretar que apenas os modelos de arrendamento e gestão (nos quais se mantém pelo menos um pouco do controle público) serão considerados em contratos futuros.

Assim como em outros esquemas de privatização na América Latina, as tarifas de água no Chile aumentaram constantemente, tornando o acesso a suprimentos de água adequados proibitivo para milhões de pessoas. Como relata o Food and Water Watch, até mesmo o governo admite que as tarifas aumentaram 20%, mas grupos de cidadãos documentaram aumentos muito maiores, chegando a 200% em algumas comunidades. Ficou claro que essa privatização está ideologicamente arraigada na classe dominante do Chile quando, em um plebiscito de 2000, 99,2% dos eleitores na região do vale central do Chile rejeitaram a privatização da água, mas o governo privatizou os serviços locais assim mesmo. Existe uma esperança de que o novo governo de centro-esquerda de Michelle Bachelet seja mais aberto a argumentações em prol da governança pública dos suprimentos de água do Chile.

Grupos da sociedade civil tiveram mais sucesso na campanha contra outra ameaça às fontes de água do Chile: a ameaça da famosa empresa de mineração canadense Barrick Gold para remover o topo de três geleiras na fronteira entre Chile e Argentina para chegar até os depósitos de ouro embaixo delas. A Barrick recebeu sinal verde para extrair 500 mil quilos de ouro da mina de Pascua-Lama, em uma operação já controversa. Mas o plano original incluía remover, por meio de explosões e terraplenagem, 826 mil metros cúbicos de gelo glacial na nascente de uma bacia que é a principal fonte de água para os 70 mil pequenos agricultores da vizinhança. Agora, em vez da mina a céu aberto que a empresa planejava, ela terá de explodir a montanha — uma operação muito mais dispendiosa. Enquanto isso, ambientalistas, liderados pela ex-candidata à presidência Sara Larrain e seu grupo, Chile Sustentável, conseguiram um acordo assinado pela presidente Bachelet não apenas para proteger as geleiras para sempre, mas também para criar um novo ministério do meio ambiente que investirá e protegerá o patrimônio natural da nação, incluindo a água.

### Equador

Em 1º de março de 2007, o prefeito de Quito, capital do Equador, anunciou que havia cancelado os planos de privatização da água da cidade, planos que estavam em sério andamento havia quatro anos. A Coalition for the Defense of Public Water usou um relatório da Price Waterhouse para mostrar que a cidade teria de investir US$ 20 milhões nos primeiros cinco anos, enquanto as empresas privadas investiriam apenas US$ 7 milhões para fazer o projeto funcionar. Depois de apenas seis anos, a empresa começaria a gerar um lucro de US$ 226 milhões ao longo de 30 anos. A coalizão também conseguiu contar a história de como a subsidiária da Bechtel, Guayaquil Interagua, se comportou no início de 2001, quando assumiu o controle dos serviços hídricos de Guayaquil, a maior cidade do Equador, com dois milhões de habitantes. A empresa imediatamente demitiu todos os trabalhadores, começou a lançar 95% de sua água residual nos rios locais, levando a uma enorme epidemia de hepatite A em 2005, e interrompeu o fornecimento de água a milhares de pessoas que não puderam pagar por ela. O Food and Water Watch relata que a rede de cidadãos locais, o Observatório Cidadão de Serviços Públicos, está exigindo que o governo aplique uma multa na empresa por essas violações.

### Outros países

Outras cidades e países latino-americanos que rejeitam a privatização da água incluem Bogotá, na Colômbia (embora outras cidades colombianas, como Cartagena, tenham adotado sistemas hídricos privados); Paraguai, cuja Câmara dos Deputados rejeitou uma proposta do Senado para privatizar a água em julho de 2005; Nicarágua, onde uma luta feroz foi travada por grupos da sociedade civil e onde, em janeiro de 2007, um tribunal impediu a privatização da infra-estrutura de águas residuais do país; e Brasil, onde a poderosa opinião pública conteve as forças da privatização da água na maioria das cidades. Infelizmente, a resistência no Peru, onde o aumento de tarifas, a corrupção e a dívida infestam o sistema, ainda não conseguiu reverter a privatização da água.

## Pacífico Asiático

Quase todos os países do Pacífico Asiático já introduziram a gestão privada ou estão considerando a idéia. O Banco Mundial e o Banco de Desenvolvimento da Ásia (ADB) promoveram ativamente as grandes empresas de água na região e, em 2006, criou uma filial do Conselho Mundial da Água chamado de Asia-Pacific Water Forum, e fez sua primeira reunião em dezembro de 2007 no Japão. As empresas privadas e o ADB estão se tornando mais organizados em termos de estratégia em face da crescente e intensa oposição de todas as comunidades onde a privatização foi implementada. Em dezembro de 2003, foi lançada, em Bangkok, uma nova rede no Pacífico Asiático para proteger o direito à água, em uma conferência patrocinada pelo Jubilee South e pelo Asia-Pacific Movement on Debt and Development. A campanha, chamada People's Right to Water and Power, envolveu a nova rede na oposição à privatização da água no Pacífico Asiático; trabalhou para cancelar todos os acordos de comércio e investimento da OMC; expôs as ligações entre a dívida de um país pobre e sua impotência para se opor às privatizações; e promoveu maior reconhecimento e institucionalização da água como um direito humano. Em maio de 2007, centenas de membros da Freedom from Debt Coalition atacaram os portões da 14ª reunião anual de líderes do Banco de Desenvolvimento da Ásia, em Manila, para protestar contra a destruição ecológica e o aumento da pobreza impostos à região pelas políticas do banco, incluindo a promoção de serviços hídricos privados.

### *Índia*
A Índia preza uma tradição — conquistada com dificuldade — de cuidado e controle comunitário sobre seus recursos. Mas, nos últimos anos, com a criação de sua nova classe empresarial, a Índia começou a adotar o modelo do Consenso de Washington em muitos setores. A privatização da água foi promovida nas Políticas Nacionais da Água de 2002, que indicava serviços hídricos privados "onde fosse viável". Um ano depois, o Ministro do Desenvolvimento Urbano da Índia lançou diretrizes para os governos estaduais culpando os "fluxos não confiáveis de fundos públicos" pela crise da água e exigindo que eles criassem uma "atmosfera receptiva" no setor de água potável. O ministro sabia que isso geraria

disputas; em 2000, agricultores furiosos em Andhra Pradesh expulsaram o então líder do Banco Mundial, James Wolfensohn, de um evento público pró-privatização, patrocinado por políticos favoráveis aos interesses do Banco Mundial. O ministro chegou a admitir que os consumidores assumiriam o fardo dessa mudança com aumentos de dez vezes nas tarifas de água, um anúncio recebido com muita crítica. A Índia agora está no meio de uma rodada violenta de privatização. As corporações de água estão por todo o país, competindo por contratos com municípios e comprando sistemas fluviais inteiros.

A Bechtel está fornecendo serviços hídricos e de esgoto em Tamil Nadu. A Veolia está operando em Jamshedpur, Agra, Calcutá e Visakhapatnam. A Thames está de olho no fornecimento doméstico de água em Indore. A Anglian está competindo pela distribuição de água em Mysore, Mangalore, Hubli e Dharwad. A Suez, operando com sua subsidiária Degremont, tem projetos em Nova Déli, Bangalore, Chennai e Nagpur. Sua operação em Nova Déli é especialmente conturbada, já que o contrato de construção e operação da usina de tratamento que está sendo desenvolvida pela empresa é apoiado por garantias governamentais de lucro. Além disso, o projeto de US$ 50 milhões inclui a construção de um gigantesco duto de 30 quilômetros que desviará água do Upper Ganga Canal pela Represa Tehri, apoiada pelo Banco Mundial, para fornecer água potável para Nova Déli. Milhares foram removidos à força de seus lares e fazendas por causa desse projeto altamente controverso, que também desvia as águas sagradas do Ganges. Sob intensa resistência de grupos que lutam pelo direito à água, como o Navdanya e o Citizens Front for Water Democracy, o governo indiano está recuando furiosamente, assegurando ao povo indiano que esses projetos não são privatizações, mas parcerias público-privado, nas quais o controle público é mantido.

O governo também recuou (temporariamente) em seu plano altamente questionável de interligar 14 rios do Himalaia e 16 rios no hemisfério sul para irrigar enormes áreas de terra agrícola, devido à pesada crítica quanto a potenciais impactos ambientais catastróficos e o deslocamento de milhares de pessoas. Menos bem-sucedidas foram as lutas para impedir a venda de rios inteiros a corporações privadas, como o Rio Sheonath em Chhattisgarh, onde um consórcio privado tem um contrato de arrendamento de 22 anos pelo uso exclusivo de um rio com 27 quilômetros. A Índia também tem um poderoso movimento contra a água engarrafada, pois empresas como Coca-

Cola e PepsiCo instalaram fábricas em toda a área rural do país, minerando fontes de água preciosas e minguantes e criando um grande problema.

A Índia também é o ambiente de um dos mais poderosos movimentos anti-represas do mundo, com líderes importantes como Medha Patkar, Vandana Shiva e Arundhati Roy. A luta mais intensa, liderada pelo tenaz movimento popular Narmada Bachao Andolan, é para impedir a represa de Sardar Sarovar, a maior de 30 grandes represas, e mais de três mil represas de pequeno e médio porte planejadas para o poderoso Rio Narmada e seus afluentes, que deslocará cerca de um milhão de pessoas — principalmente aldeões e pequenos fazendeiros — de suas terras.

### Indonésia

Com a aprovação e o financiamento do Banco Mundial e do Banco de Desenvolvimento da Ásia, a Suez e a Thames Water usaram suas conexões com o regime do ex-ditador indonésio Suharto para conseguir concessões para a água de Jakarta, que foi privatizada em 1998, sem consulta pública ou licitação. É fato bem documentado que as empresas quebraram as promessas feitas nos contratos firmados: melhorar o fornecimento de água para os pobres, investir milhões em novos dutos e reparar a infra-estrutura. As conexões daqueles que podiam pagar aumentaram, enquanto a situação para os pobres, que não tinham mais acesso à água pública, piorou. As tarifas de água aumentaram 35%, e a água dos pobres agora era medida. Setenta por cento dos pobres de Jakarta ainda não têm água encanada. Em fevereiro de 2007, o *Jakarta Post* informou que a Suez e a Thames Water não tinham conseguido cumprir os investimentos prometidos e que a quantidade de novas conexões anuais nas suas administrações havia sido drasticamente menor que no antigo sistema público (caíram de 11,68% ao ano entre 1988-1997 para 5,61% ao ano desde então). A empresa e o governo encontraram uma firme resistência e uma constante documentação de suas falhas, feita pela Jubilee South, uma grande rede de grupos da sociedade civil que trabalham no perdão de dívidas, e no Indonesian Forum on Globalization, liderado pela incansável ativista Nila Ardhianie.

### Filipinas

Em Manila, a privatização da água tem apenas agravado um sistema que favorece os ricos e aumenta as diferenças de classe. Em 1997, com substancial financiamento do Banco Mundial e do Banco de Desenvolvimento da Ásia, Manila se associou a várias empresas privadas, incluindo a Suez, para fornecer serviços hídricos privados. A nova empresa, Maynilad Water Services, conseguiu a concessão com um conjunto de promessas supostamente rígidas: tarifas de água mais baixas; não-interrupção dos serviços hídricos aos clientes existentes; expansão de serviços que levaria à cobertura universal até 2006; grandes reduções no desperdício de água devido a infra-estruturas com vazamentos; e cumprimento dos padrões da Organização Mundial da Saúde para água e efluentes até 2000. Nenhum desses compromissos nem sequer chegou perto de ser cumprido, informam críticos como a Water for People Network das Filipinas, que declarou uma guerra vigorosa contra as empresas. Os serviços hídricos pioraram para sete milhões dos indivíduos mais pobres da cidade, e a empresa começou a aumentar as tarifas quase imediatamente. Em outubro de 2003, a zona oeste da cidade sofreu uma epidemia de cólera na qual seis pessoas morreram e outras 600 foram hospitalizadas. Testes subseqüentes feitos pela University of the Philippines mostraram que a água da Maynilad estava contaminada com *Escherichia coli*. Entre 1997 e 2007, as tarifas de água subiram 357%.

### Austrália

Os políticos da Austrália negam a seriedade da crise da água no país. O governo australiano continua a considerar e a "vender" a Austrália como um rico país exportador sem limites quanto às possibilidades de crescimento e maior produção industrial. No exato instante em que os políticos deveriam estar se reunindo em um intenso esforço de conservação, eles estão permitindo a venda maciça de seus recursos hídricos. Fábricas da Coca-Cola estão pipocando no país; intermediários privados estão vendendo direitos de água das áreas rurais; o comércio de água virtual está crescendo; usinas de dessalinização estão sendo construídas; e as grandes empresas européias estão administrando (mal) os sistemas hídricos em várias cidades. Quinze meses depois de Adelaide ter contratado a United Water — *joint venture* entre a Thames Water e a Veolia — para administrar seu fornecimento de água em 1996, a cidade foi atingida por um mau cheiro terrível, que os habitantes chamaram de "the big pong". Uma investigação independente mostrou que o mau cheiro se devia a uma falha da empresa no cuidado e no monitoramento de uma das principais lagoas de esgoto. Entre 1993 e 2000, as tarifas de água em Adelaide aumentaram 60%. Em 1998, os habitantes de Sydney foram forçados a ferver sua água porque ela estava contaminada por parasitas. O governo jogou a culpa diretamente na Suez.

Uma feroz oposição em Queensland tem impedido, há alguns anos, os planos de reciclar água de esgoto e reenviá-la ao sistema para beber e cozinhar. A Citizens Against Drinking Sewage (CADS), organizada pelo encanador Laurie Jones e pela agressiva ativista Rosemary Morley, liderou o "não" em um referendo de julho de 2006 na árida cidade de Toowoomba, uma luta que chegou às manchetes internacionais. O governador de Queensland, Peter Beattie, não desistiu e tem planos para outras cidades. A CADS espalhou um cartaz, em fevereiro de 2007, no qual Beattie foi fotografado bebendo NEWater em Cingapura, com a legenda: "Por que um governador de Queensland estaria bebendo água do esgoto de Cingapura?" Quando foi anunciado um plano semelhante para introduzir a água reciclada em Brisbane, a CADS fez circular de porta em porta 400 mil cópias do livro *Think Before You Drink: Is Sewage a Source of Drinking Water?* Em Melbourne, Liz McAloon, da Victoria Women's Trust, coordena um programa educativo chamado Watermark Australia, um projeto de engajamento cívico para permitir que pessoas comuns se envolvam no planejamento do futuro da água.

### Outros países

Histórias semelhantes de resistência são ouvidas em outros países do Pacífico Asiático. O Vietnã cancelou um contrato de águas residuais com a Suez em 1997. Em abril de 2007, o Sindicato de Funcionários do Governo Coreano e o grupo da sociedade civil Joint Action Against Water Privatization publicaram um relatório que condenava o envolvimento corporativo no setor hídrico da Coréia do Sul e que recebeu ampla aprovação pública. Na Malásia, a Malaysian Coalition Against Privatization, uma coalizão de 127 grupos de direitos humanos, comunitários e ambientais, liderou uma poderosa resistência às planejadas leis de privatização às quais o governo cedeu e, em janeiro de 2005, revogou a lei da água e declarou que a água do país é um serviço público. No entanto, essa vitória retrocedeu ligeiramente em 2006, quando o governo aprovou a legislação que permitia concessões de 30 anos para a administração e controle totalmente privados de três grandes rios altamente povoados no país.

Uma resistência semelhante no Sri Lanka impediu a privatização até o tsunami de dezembro de 2004, que destruiu os sistemas de serviços hídricos do país. O Banco de Desenvolvimento da Ásia disse que, para conseguir o financiamento necessário e empréstimos para se reconstruir, o Sri Lanka teria de aceitar a administração do projeto pelo setor privado. Então, quatro dias depois do tsunami, o governo aprovou a legislação que abria o setor hídrico à privatização. No Nepal, ativistas se opuseram exaltadamente contra o contrato de 2006 do governo com a empresa britânica de água Severn Trent para administrar os serviços de fornecimento de água em Kathmandu, um contrato muito incentivado pelo Banco de Desenvolvimento da Ásia. Em seu juramento de abril de 2007, Hisila Yami, a nova ministra de planejamento físico e obras, criticou a decisão de seu próprio governo de privatizar os suprimentos de água, dizendo que isso era parecido com vender a própria mãe. No mês seguinte, devido à feroz resistência, a Severn Trent anunciou que estava deixando o Nepal. Yami imediatamente prometeu manter a água de Kathmandu sob controle público.

## África

Na África, o desespero pela água é acompanhado da pobreza, e as empresas têm sido muito mais lentas para arriscar naquele continente. No entanto, a privatização e a resistência a ela têm aumentado.

### *África do Sul*
Quando o apartheid terminou na África do Sul, em 1994, cerca de 14 milhões dos 40 milhões de cidadãos do país não tinham nenhum acesso à água e 21 milhões não tinham nenhum acesso ao saneamento básico. Foi uma promessa importante do novo governo da ANC, sob o comando de Nelson Mandela, fornecer água àquelas comunidades (na maioria negras), uma promessa que começou com o compromisso de fornecer a cada família seis mil litros de água gratuitamente todo mês. No entanto, sob pressão do Banco Mundial e para manter os compromissos do novo governo de desenvolver a África do Sul de acordo com políticas baseadas no mercado, a Suez foi chamada para administrar os serviços hídricos de Johannesburgo e imediatamente implementou um sistema de pagamento com recuperação total de custos e instalou medidores de água nas casas das pessoas. O governo Mbeki

alega que, agora, há milhões de usuários de água a mais do que há uma década, mas não diz que muitas dessas pessoas — dez milhões em 2001, de acordo com pesquisas da Witwatersrand University — tiveram seu fornecimento interrompido por serem incapazes de pagar pela água, de acordo com o sistema lucrativo agora em funcionamento.

Uma oposição poderosa e muito eloqüente à privatização da água surgiu nas cidades e distritos. A South African Coalition Against Water Privatization é composta de muitos grupos de direitos humanos, trabalhadores e ambientalistas, incluindo o Movimento dos Sem-Terra, o Sindicato de Funcionários Municipais Sul-africanos e o Jubilee South Africa.

### Outros Países

A Namibian Natural Society for Human Rights tem lutado contra os medidores de água pré-pagos na Namíbia desde sua instalação em 2000, argumentando que eles colocam o preço da água fora do alcance da maioria. A Bread of Life Development Foundation e a WaterWatch da Nigéria lançaram uma campanha contra o apoio governamental à privatização da água, acusando, entre outras irregularidades, que não houve avaliação ambiental dos projetos. Os grupos da Nigéria estão especialmente irritados com o fato de o governo ter sido forçado a interromper o acesso à água pública para armar o cenário para o controle privativo da água. No Gabão, a Veolia inicialmente aumentou a quantidade de conexões marginalmente, mas os investimentos, que eram, em grande parte, feitos com dinheiro de caridade e dos cofres do próprio governo, não chegaram nem perto de atender às necessidades. Quando o país passou pela primeira epidemia de febre tifóide, em dezembro de 2004, as autoridades locais acusaram o fracassado experimento da privatização. Em 2005, o governo de Mali renacionalizou o sistema hídrico depois de um mau desempenho da concessionária francesa SAUR. Em fevereiro de 2007, o governo da Guiana cancelou um contrato de 20 anos com a empresa britânica de água Severn Trent depois de apenas cinco anos por causa de promessas não cumpridas.

Uma batalha feroz acontece no Gana há anos, com a Ghana National Coalition Against the Privatization of Water e os funcionários do setor público de um lado e o Banco Mundial do outro. O Banco Mundial estabeleceu condições para o financiamento de serviços hídricos para o governo; depois de cinco anos de intensa luta, o contrato de administração do sistema hídrico de Accra foi finalmente cedido à Vitens, uma empresa holandesa, e à Rand Water, da África do Sul, em novembro de 2005. Uma missão investigativa internacional de 2002 observou um aumento extraordinário nas tarifas de água até mesmo antes de os contratos serem assinados, pois o governo já tinha começado a preparar o povo para um regime de recuperação total dos custos. Hoje, os serviços hídricos estão fora do alcance dos pobres. Grupos da sociedade civil local tiveram mais sorte na Tanzânia, onde o governo cancelou um contrato com a empresa britânica Biwater em 2005, depois de apenas dois anos. O Banco Mundial investiu US$ 143 milhões nessa "nau capitânia" africana. Mas o governo acusa a empresa de não ter cumprido muitas promessas, incluindo instalações de novos encanamentos, investimento na qualidade da água e garantias de serviços hídricos mais igualitários. Em abril de 2006, a Biwater lançou uma disputa no tribunal de arbitragem no Centro Internacional para a Solução de Disputas sobre Investimentos, exigindo US$ 25 milhões da Tanzânia pelo cancelamento do projeto. Em um belo exemplo de solidariedade internacional, grupos de direitos humanos do Canadá e da Suíça se uniram a grupos da sociedade civil da Tanzânia e registraram um documento conjunto no tribunal para testemunhar contra a empresa.

## Estados Unidos e Canadá

Desconhecidas de muitos no hemisfério sul, lutas semelhantes estão acontecendo no hemisfério norte. Embora a privatização da água não tenha sido forçada no Canadá e nos Estados Unidos por políticas de ajuste estrutural do Banco Mundial, o clima político para a privatização é propício, já que os governos adotam soluções de mercado para serviços essenciais e desenvolvimento de recursos. Além disso, municípios sem dinheiro estão buscando maneiras de se livrarem de responsabilidades e programas. A promessa de economia com o investimento privado e com o preço da água tem provocado muitos políticos municipais a entregarem seus sistemas hídricos a empresas privadas, tanto nacionais quanto estrangeiras. No entanto, em ambos os países, o público se acostumou com os serviços hídricos de qualidade, fornecidos sem fins lucrativos, por preços razoáveis, e tem resistido com surpreendente ferocidade à venda de seus sistemas hídricos públicos a empresas privadas.

## Canadá

Apenas poucos municípios no Canadá tentaram privatizar sua água, e encontraram uma forte resistência por parte de uma coalizão nacional chamada Water Watch, fundada pelo Canadian Union of Public Employees, o Conselho de Canadenses e a Canadian Environmental Law Association, mas agora se ampliou e também inclui estudantes, grupos nativos e comunidades religiosas. Em Quebec, a rede Eau Secours tem sido bem-sucedida em inserir a questão da água em programas públicos. As coalizões tiveram sucesso em impedir privatizações já planejadas em Montreal, Quebec, em 1999, depois daquilo que um jornal chamou de "amplo debate público"; Vancouver, Colúmbia Britânica, em 2001, onde mais de mil pessoas apareceram em um fórum público para protestar contra o plano de privatizar a usina de filtração da cidade; Toronto, Ontário, em 2002, onde o argumento de que o NAFTA tomaria a decisão de privatizar a água ajudou a fortalecer de modo irreversível o voto para se manter um sistema público; Halifax, Nova Escócia, em 2003, quando a Suez, a empresa com a qual a cidade estava negociando para limpar o porto, se recusou a cumprir padrões ambientais; e Whistler, Colúmbia Britânica, em 2006, local dos Jogos Olímpicos de Inverno de 2010. As críticas têm sido bem-sucedidas em Hamilton, Ontário, e Moncton e Sachille, New Brunswick, cidades que têm vários níveis de privatização da água, embora a oposição permaneça forte e vigorosa.

A maior preocupação do Canadá é a ameaça de exportações comerciais de água em grande escala para o sedento país vizinho: Estados Unidos. A água é considerada um "bem" comercializável no Tratado Norte-Americano de Livre Comércio (NAFTA), o que significa que, se qualquer província permitir o início da exportação comercial de água, será muito difícil fechar a torneira. A água também é um "investimento", o que significa que as corporações americanas de água (ou as subsidiárias americanas das grandes corporações francesas) poderiam processar o governo canadense pelos prejuízos, se ele mudasse as regras e tentasse assumir o controle sobre a água canadense depois que as empresas tivessem estabelecido uma presença comercial no Canadá. Então, grupos ativistas no Canadá têm prestado muita atenção às tentativas de exportação da água canadense com lucro, sabendo que isso ativaria o processo do NAFTA. Os ativistas da água têm tido sucesso em impedir a exportação comercial da água dos Grandes Lagos, da Colúmbia Britânica e de Newfoundland.

## Os Estados Unidos

Nos Estados Unidos, várias experiências com a privatização foram canceladas graças a fortes grupos locais, muitos dos quais formaram uma rede nacional chamada Water Allies, sob a liderança de Wenonah Hauter e sua equipe da Food and Water Watch. Hauter está promovendo um Clean Water Trust Fund, que financiaria reparos na infra-estrutura de água e indica pesquisas mostrando que quase 90% dos norte-americanos apoiariam esse fundo através dos impostos. Uma grande ativista que a Listserv chamou de Water Warriors (guerreiros da água) mantém as campanhas norte-americanas e internacionais em contato constante. Além disso, Shiney Varghese envia grandes volumes de material impresso sobre a luta global pela água, feitos pelo Instituto de Agricultura e Política Comercial, sediado em Minneapolis.

Atlanta, na Geórgia, assinou um contrato de US$ 428 milhões com a United Water em 1999, mas o desfez apenas quatro anos depois, alegando promessas não cumpridas, infra-estrutura defeituosa e água suja. Nova Orleans, na Louisiana, cancelou o contrato de US$ 1,5 bilhão com a Suez e a Veolia em 2004, depois de cinco anos e quase US$ 6 milhões gastos em pesquisas. As empresas estavam criando obstáculos a novas leis que davam aos eleitores o direito de aprovar ou negar esses contratos. Laredo, no Texas, cancelou seu contrato de 2002 com a United Water, da Suez, em 2005, quando a empresa pediu mais US$ 5 milhões para despesas imprevistas. Stockton, na Califórnia, cancelou seu contrato com a Thames e a OMI, empresa de águas residuais americana, depois de uma luta de vários anos, liderada pela Coalizão de Cidadãos Preocupados de Stockton. Os cidadãos de Felton, na Califórnia, reunidos como Felton FLOW (Friends of Locally Owned Water), votaram em 2005 pelo aumento de seus próprios impostos, com o objetivo de recomprar a água da cidade da subsidiária de água da RWE, CalAm.

A luta ainda continua em Lexington, no Kentucky, onde o grupo Bluegrass for Local Ownership of Water, ou Bluegrass FLOW, perdeu um referendo de novembro de 2006 para devolver a água ao domínio público. A empresa American Water, uma subsidiária da RWE, gastou milhões nessa luta, ajudando a eleger candidatos pró-privatização na eleição municipal de 2004. Uma publicação da empresa explicou: "Se o caminho principal do ataque é jurídico, a principal linha de defesa — e o evidente ponto de contra-ataque — é política."

Outras linhas de batalha envolvem planos para captar, armazenar, movimentar e vender água em áreas com estresse hídrico no país, especialmente na Califórnia. Em 2002, cidadãos irados interromperam no meio uma oferta do comerciante de água do Alaska, Ric Davidge, para levar água de três rios no norte da Califórnia em gigantescos sacos de água flutuantes para o sul da Califórnia. Eles também interromperam um plano da Cadiz Corporation de armazenar, minerar e vender água no Deserto de Mojave. As ações da empresa despencaram. Cinqüenta quilômetros ao sudoeste de Las Vegas, os Water Warriors de Sandy Valley comemoraram uma vitória no Suprema Tribunal estadual em novembro de 2006 contra a oferta da Vidler Water Company de pegar 1.400 acre-pés de água da Bacia de Sandy Valley e bombeá-la sobre uma montanha para vendê-la a empreendedores do deserto. A cidade, com menos de dois mil habitantes, conseguiu US$ 60 mil por esse caso. Um novo grupo, a Progressive Leadership Alliance of Nevada (PLAN), se reuniu para lutar contra o proposto duto que levaria água da área rural do Nevada até Las Vegas. Se bem-sucedida, essa seria a maior transferência de água realizada nos Estados Unidos. Mas, devido à paixão daqueles que lutam para evitar esse grande erro, seria imprudente presumir que a batalha está encerrada. Outro grupo da Califórnia, a California Water Impact Network (C-WIN), liderada por Carolee Krieger, está usando os tribunais para desafiar a privatização e a desregulamentação dos suprimentos de água do estado, além da confiança dos empreendedores na "água de papel" — água que só existe em contratos, e não no solo.

## Europa

Felizmente, um forte movimento de proteção ao direito público à água também surgiu na Europa, lar das grandes empresas transnacionais de água. As duas metas universais são forçar a União Européia a parar de financiar serviços hídricos privatizados no mundo em desenvolvimento e impedir que a água seja parte de um único mercado da UE, o que harmonizaria e institucionalizaria os serviços hídricos competitivos de mercado na Europa. Lutas individuais estão acontecendo na maioria dos países.

Na Irlanda, por exemplo, cresce a oposição ao planejamento da instalação de medidores de água pré-pagos. Os cidadãos da Sicília, na Itália, estão lutando para arrancar o controle da água da Máfia, que se beneficiou com a privatização. Os cidadãos de Herten, na Alemanha, compraram todas as ações de sua empresa de água quando foram colocadas à venda. Em abril de 2004, ambientalistas e ativistas da água na Espanha comemoraram quando o governo abandonou os planos de construção de um gigantesco duto e de bombeamento da água do Rio Ebro, no norte, para as cidades sedentas do sul.

O acadêmico e visionário italiano Riccardo Petrella iniciou um projeto hídrico saído do influente Grupo de Lisboa, chamado Comitê Internacional pelo Contrato Mundial da Água. Em março de 2007, ele convocou a World Water Assembly for Elected Representatives and Citizens (AMECE, em francês), com mais de 500 ativistas, acadêmicos, jornalistas e políticos que se comprometeram com um programa global mais rigoroso e específico para assegurar o acesso de todas as pessoas à água. Petrella trabalha em conjunto com a elegante Danielle Mitterrand, viúva do ex-presidente francês François Mitterrand e chefe da France Libertés, fundação dedicada à distribuição igualitária da água e que trabalha para retornar as cidades e distritos franceses aos sistemas hídricos públicos. Mitterrand reuniu as comunidades na França com as comunidades na Bolívia para apoiar a luta boliviana pela construção de serviços hídricos públicos depois do fracasso dos esquemas de privatização. Em 2006, as alemãs Pão para o Mundo e Fundação Heinrich Büll ajudaram a criar a Rede Ecumênica de Água do Conselho Mundial de Igrejas para promover "a preservação, a gestão responsável e a distribuição igualitária da água para todos, com base no entendimento de que a água é um presente de Deus e um direito humano fundamental".

Também fundamental para o movimento são as pesquisas feitas por David Boyes e sua equipe na Public Services International e David Hall na Unidade de Pesquisa da Public Services International. Elas fornecem dados e análises críticos que não são encontrados em nenhum outro lugar. Olivier Hoedeman e outros no Corporate Europe Observatory (CEO), sediado em Amsterdã, também publicam excelentes pesquisas, expõem vínculos entre políticos e corporações e mantêm pressão constante sobre os políticos europeus para que eles sejam transparentes. No Dia Internacional da Água de 2007, o CEO e 60 outros grupos publicaram uma carta aberta no *European Voice* que foi fundamental para a promoção da privatização da água pela Comissão Européia no Terceiro Mundo. O CEO e a PSI trabalham junto ao Movimento pelo Desenvolvimento Mundial, sediado na Grã-Bretanha, ao Instituto Transnacional, sediado na Holanda, ao Amigos da Terra Internacional e à rede internacional de ONGs e grupos

130 Água, Pacto Azul

de base contrários à Organização Mundial do Comércio, chamada Our World Is Not for Sale. Juntos, eles foram responsáveis por coagir a OMC a retirar a água potável das negociações do GATS sobre serviços. Trabalhando com grupos ativistas no Nepal, o Movimento pelo Desenvolvimento Mundial liderou a bem-sucedida campanha da Inglaterra para fazer com que a empresa de água britânica, Severn Trent, retirasse sua oferta de privatização da água naquele país. A Norwegian Association of International Water Studies (FIVAS) foi fundamental para conseguir que o governo norueguês retirasse seu apoio ao Mecanismo de Aconselhamento em Infra-Estrutura Público-Privado (PPIAF), que continua a financiar serviços hídricos privados, e para dizer ao Banco Mundial que ele não financiará mais nenhum programa hídrico que não seja público.

## Nasce um Movimento Global pela Justiça na Questão da Água

Embora todas essas lutas tenham sido travadas nesses diversos países, foi fundamental desenvolver redes nacionais, regionais e internacionais para reunir estratégias, compartilhar pesquisas e oferecer solidariedade financeira e recursos quando possível. Hoje, um coordenado e altamente eficaz movimento internacional pela justiça na questão da água está lutando contra o poder das empresas privadas de água e o abandono governamental da responsabilidade por cuidar dos recursos hídricos nacionais e por oferecer água limpa ao povo. Usando sites interativos e Listservs como a Water Warriors, essa rede é capaz de conseguir que centenas de grupos assinem uma petição ou uma exigência com antecedência de 24 horas. Grande parte do trabalho inicial dessas redes ocorreu em reuniões internacionais — muitas vezes, das próprias instituições que combatemos.

### Segundo Fórum Mundial da Água — Haia, março de 2000

Estimulados por essas primeiras lutas locais, grupos da sociedade civil de uma dezena de países foram até o Segundo Fórum Mundial da Água em Haia, em março de 2000, onde nos reunimos como o Projeto Planeta Azul. Embora não fôssemos parte do cronograma oficial, nos reuníamos em qualquer sala desocupada que encontrávamos para criar nossa própria Declaração de Visão em oposição à Declaração de Visão da Comissão Mundial da

Água para o Século XXI. Nessa declaração, expressamos sérias preocupações quanto ao processo e o conteúdo da Estrutura de Ação do Conselho Mundial da Água, que acusamos de ser "dominada pelo pensamento tecnocrata e de cima para baixo, resultando em documentos que enfatizam a visão corporativa da privatização, os investimentos de grande escala e a biotecnologia como respostas essenciais". O processo dá "insuficiente ênfase e reconhecimento aos direitos, conhecimento e experiência dos povos e comunidades locais", dissemos, "e à necessidade de se proteger a água de maneira que protejam os ecossistemas naturais, fonte de toda a água". Exigimos que a água fosse considerada um direito universal e que fosse excluída de todos os acordos comerciais como um bem negociável.

Levamos essa visão à mídia e aos grandes salões de reuniões, onde contamos nos microfones espalhados pela sala as histórias locais de luta aos participantes reunidos. Em uma ocasião, quando um representante do Banco Mundial, que estava presidindo um plenário em frente a uma audiência de milhares de pessoas, se recusou a reconhecer os dissidentes que estavam falando nos microfones, fiz uma fila de 12 manifestantes em um microfone no chão e anunciei que agora eu estava co-presidindo a sessão e disse ao infeliz (mas temporariamente impotente) moderador que ele ouviria o que cada uma dessas 12 pessoas tinha a dizer antes de voltar à sua lista de oradores. A imprensa adorou isso, claro, assim como centenas de participantes da conferência que estavam presentes e compartilhavam nossas visões. Embora não tenhamos influenciado o resultado oficial da cúpula, colocamos os poderosos do Conselho Mundial da Água em alerta, sabendo que tínhamos chegado como um movimento e que não iríamos embora.

### Protesto contra o Banco Mundial — Washington, abril de 2000
Apenas um mês depois, nosso jovem movimento levou nossa mensagem a Washington para a reunião anual do Banco Mundial, onde marchamos com muitos milhares de pessoas nas ruas contra as políticas do Banco Mundial e levantamos a questão da privatização da água pela primeira vez. O Fórum Internacional de Globalização, instituto de políticas e pesquisas sediado em São Francisco que critica a globalização, realizou uma grande série de palestras e seminários na Igreja Metodista de Foundry. Oscar Olivera deixou a Bolívia (pela primeira vez) para participar das palestras e seminários e marchar com manifestantes do mundo todo. Ele foi pego no aeroporto e levado rapidamente ao lotado evento

noturno, onde um público agradecido o saudou, muitas pessoas comovidas aplaudiam de pé por sua coragem e liderança para mostrar apoio internacional à revolução da água na Bolívia.

## *Water for People and Nature — Vancouver, julho de 2001*
Em julho de 2001, o Conselho de Canadenses, uma organização nacional canadense de defesa popular, e o Projeto Planeta Azul, alojado no conselho, realizaram a Water for People and Nature, a primeira cúpula global de ativistas da sociedade civil em defesa da água. Mais de 800 ativistas, acadêmicos, ambientalistas, especialistas em direitos humanos, povos nativos e trabalhadores do setor público de 40 países se reuniram em Vancouver, na Colúmbia Britânica, para lançar uma rede internacional coordenada de ativistas de base e criar organizações nacionais e internacionais para lutar pela preservação da água do mundo e pelo direito à água para todas as pessoas. O plenário escolheu, por unanimidade, se opor à "falsa lógica" do mercado para distribuição de água e exigiu uma convenção da ONU para proteger a água como um direito humano e como parte dos bens comuns globais. Ficou acordado que construiríamos um relacionamento de trabalho com base no entendimento de que os grupos do hemisfério sul tinham muito a ensinar aos grupos do hemisfério norte e que o movimento seria fundamentado nos princípios da igualdade e da solidariedade, e não da caridade e do "desenvolvimento".

O momento mais comovente desse evento seminal foi o minuto de silêncio por Kimy Pernia Domico, um ativista da Colômbia que iria falar na conferência, mas "desapareceu" algumas semanas antes. Kimy foi um líder na luta contra a hidrelétrica de Urra nas terras tradicionais de seu povo, uma represa que estava destruindo o sustento da comunidade. Ele sabia que a oposição a esse projeto havia colocado a vida dele em perigo. Como ele disse no testemunho de 1999 ao Parlamento Canadense: "Dizer essas coisas a vocês hoje coloca minha vida em perigo. Pistoleiros paramilitares foram enviados para furar nossos barcos com o objetivo de evitar que participássemos de reuniões. [...] Qualquer um que se atreva a falar sobre Urra é acusado de estar envolvido em guerrilhas, e eles declararam que nossas comunidades e nossos líderes são um alvo militar". Enquanto rezávamos por Kimy, estávamos profundamente conscientes do perigo desse trabalho para muitos de nossos colegas e da coragem necessária para alguém como Kimy continuar na luta apesar dessas ameaças. (Tragicamente, em janeiro de 2006, Salvatore Mancuso, comandante sênior das milícias de direita da Colômbia, admitiu ter matado Kimy Pernia Domico, junto com centenas de outras pessoas durante seus quinze anos no esquadrão da morte.)

### *Cúpula Mundial sobre Desenvolvimento Sustentável —Johannesburgo, agosto de 2002*

A próxima grande oportunidade de reunir forças foi a Cúpula Mundial sobre Desenvolvimento Sustentável, em Johannesburgo, em agosto de 2002. Mais uma vez, o Fórum Internacional de Globalização convocou uma série de palestras e seminários, desta vez na Witwatersrand University. Esse evento reuniu milhares de ativistas, acadêmicos e ambientalistas africanos, bem como líderes do movimento, incluindo Virginia Setshedi, Patrick Bond e Trevor Ngwane, da África do Sul; Tewolde Egziabher, da Etiópia; e Patrick Apoya e Rudolph Amenga-Etego, do Gana. Aqui, as histórias comoventes do roubo corporativo da água e da devastação de comunidades inteiras estimulou o movimento. Os participantes criticaram amplamente o governo sul-africano de Thabo Mbeki, que não apenas apoiava abertamente a cúpula WSSD, dominada por corporações, mas também havia introduzido recentemente o fornecimento privado de água em Johannesburgo e em várias outras comunidades da África do Sul, o que levou à interrupção do fornecimento de água a muitos milhares de pessoas.

Alugamos um velho ônibus escolar e levamos os participantes das palestras e seminários até Orange Farm, outro distrito de terrível pobreza, convidados pelo Orange Farm Water Crisis Committee e seu destemido líder, Richard (Bricks) Mokolo. Até onde os olhos alcançavam, havia pneus e lixo em chamas, ratos nas ruas, latrinas no chão e nenhuma água encanada nas pequenas cabanas de chapa de ferro corrugada que as pessoas chamam de lar. Ali, eles nos mostraram os novíssimos encanamentos de água, um por quadra, que haviam sido recentemente instalados pela Suez, e os medidores de água de altíssima qualidade conectando os canos e as torneiras. Cada gota de água deve ser paga neste e em outros distritos onde a maioria é pobre demais para isso, dando um novo significado ao adágio: "Água por toda parte, mas nem uma gota para beber". Como conseqüência, os habitantes — na maioria, mulheres — devem caminhar muitos quilômetros para buscar água em rios e riachos com sinais de alerta de cólera ao longo de suas margens. Enquanto inspecionávamos os novos encanamentos e ouvíamos as histórias dos habitantes locais sobre crianças que morreram devido à água suja, um enorme ônibus BMW de dois andares parou e dele saíram dezenas de altos funcionários bem vestidos da delegação européia da WSSD, bem como VIPs da Suez, para impressionar os políticos e burocratas com os novos encanamentos. Quando ficou claro quem eram esses novos visitantes, habitantes irados os perseguiram de volta até o ônibus e gritaram palavras de ordem enquanto o motorista virava a esquina e sumia de vista.

Mbeki ficou tão revoltado com a crítica à WSSD (ele insultou publicamente aqueles que se opuseram à cúpula e à presença das corporações de água como "contrários aos pobres") que seu governo ameaçou retirar a permissão para a marcha dos Movimentos Sociais Unidos — até então legal —, que aconteceria no último dia da cúpula. Para protestar contra essa ameaça, no início da semana realizamos uma marcha pacífica à luz de velas com 700 homens, mulheres e crianças saídos das palestras na universidade e da região da universidade. Fomos imediatamente abordados por uma tropa de choque policial que jogou bombas de efeito moral na multidão, causando pânico e ferindo vários manifestantes. Devido à presença de oradores internacionais, a mídia internacional filmou tudo isso, e as terríveis imagens da brutalidade policial contra manifestantes pacíficos foram exibidas pelo mundo afora. Isso não apenas gerou uma enxurrada de críticas a essas táticas brutais na mídia sul-africana, mas também abriu as portas de jornais de grande circulação para nossos pontos de vista e ajudou a desacreditar internacionalmente a WSSD e sua orientação corporativa.

Além disso, o governo Mbeki foi obrigado a permitir a grande marcha no último dia, uma aglomeração de mais de 20 mil pessoas que saiu da favela de Alexandra e passou por uma estrada de oito faixas em direção ao local da cúpula, o extremamente opulento Sandton Business Park. Ali, em frente à mídia mundial, as pessoas exigiram acesso à água, à vida e à dignidade e o fim do apartheid econômico criado pela privatização da água.

### Terceiro Fórum Mundial da Água — Kyoto, março de 2003
No Terceiro Fórum Mundial da Água, realizado em Kyoto em março de 2003, as críticas internacionais e muito divulgadas quanto à privatização da água e ao Conselho Mundial da Água haviam atingido alguns pontos sensíveis importantes, e críticos da sociedade civil foram convidados a participar da cúpula pela primeira vez. Nossa estratégia, planejada com grupos da sociedade civil no Japão, foi aceitar todas as maneiras formais de apresentar nossa visão alternativa, levar nossos colegas do hemisfério sul para contarem suas histórias aos participantes e à mídia e trabalhar com a sociedade civil

japonesa para construir um forte apoio para os sistemas hídricos públicos — o Japão tem um dos melhores do mundo. Reunimo-nos com orgulhosos administradores da água, vindos do setor público de diferentes prefeituras, que nos mostraram sua habilidade técnica no cuidado com os serviços hídricos públicos do Japão. Tony Tujan, da Fundação IBON, nas Filipinas, fez a evidente observação de que, com a habilidade do setor público japonês tão próxima, teria sido uma grande economia de dinheiro e sofrimento para todos se eles tivessem levado os especialistas de água do Japão a Manila para transmitir conhecimento e experiência.

Fui convidada a ser co-presidente, com o Conselho Mundial da Água, de uma importante sessão temática sobre parcerias público-privado e, no final de um intenso debate que durou dois dias, submeti nosso relatório independente totalmente contrário a essas parcerias. Isso significava que, na questão mais controversa do fórum, a posição da sociedade civil teria de ser oficialmente inserida no registro da transcrição final. Chegamos com nossa declaração de visão assinada por 300 organizações do mundo todo e, sob o grito de guerra "Water Is Life", invadimos os microfones de todas as sessões com histórias dos grupos de base. Em um fórum no qual os dirigentes das grandes empresas de água estavam todos sentados no palco, um trabalhador de Cancún apresentou duas garrafas de água cheias de água fornecida pela Suez.

Uma era do hotel cinco estrelas no qual ele trabalhava, e era clara como cristal; a outra era do bairro onde ele vivia e de onde ele saía para trabalhar. A água nesta garrafa era marrom e com cheiro de podre. Ele desafiou Jean-Louis Chaussade, CEO da Suez Environment, a beber "sua" água de ambas as garrafas; Chaussade se recusou.

Quando o ex-diretor do FMI, Michel Camdessus, apresentou seu controverso relatório sobre financiamento para água, *Financing Water for All*, levantamos centenas de cartazes dizendo "medidores de mentira", com cores vivas e no formato de meia-lua, com uma seta que indicava o tamanho da mentira e pequenos sinos pendurados, que tocávamos baixinho ou mais forte, dependendo da declaração. Em certo ponto, Camdessus, claramente perturbado, olhou para cima e disse: "Eu ouço os sinos! Eles não vão me fazer parar".

### Red VIDA — El Salvador, agosto de 2003

Um marco importante para nosso movimento foi a fundação de uma rede de grupos de base das Américas, chamado de Red VIDA — Vigi-

136　Água, Pacto Azul

lância Interamericana em Defesa da Água. A nova rede surgiu em um seminário regional realizado em El Salvador em agosto de 2003, onde concordamos que uma organização mais formal era necessária para coordenar as atividades de todos os grupos que lutavam por seus direitos à água e para organizar melhor a campanha para suspender a privatização dos recursos hídricos do hemisfério. Como em outras reuniões, demoramos em articular nossos princípios e valores compartilhados, exigindo serviços hídricos sociais, sustentáveis e universais, e o entendimento de que a água é "um bem público e um direito humano inalienável a ser protegido e promovido por todos os habitantes do planeta".

A primeira assembléia da Red VIDA ocorreu em Porto Alegre, Brasil, de 25 a 27 de janeiro de 2005, pouco antes do Fórum Social Mundial. Trinta organizações de 14 países se reuniram para formular alternativas ao controle privado da água e lançar uma campanha internacional contra a Suez. Muitos desses grupos viajaram até Cochabamba, na Bolívia, naquele mês de agosto para demonstrar apoio público à luta no país, bem como à campanha contra a Suez em La Paz e El Alto, e depois se reuniram para apoiar o plebiscito no Uruguai, que levou a um bem-sucedido referendo para que a água fosse declarada um direito humano durante as eleições nacionais de outubro de 2004. De 24 a 26 de março de 2007, a segunda assembléia da Red VIDA aconteceu em Lima, no Peru, patrocinada pela FENTAP, o sindicato dos trabalhadores peruanos da água, onde 40 organizações de 14 países se reuniram e melhoraram o plano de trabalho em comum para promover alternativas públicas à gestão privada da água.

Os membros da Red VIDA têm sido essenciais na campanha contra a Suez. Na Bolívia, Argentina, Uruguai e Chile, os membros da Red Vida se uniram a ativistas das Filipinas do lado de fora da reunião de acionistas da Suez em 13 de maio de 2005 em Paris para protestar contra as práticas da empresa. Enquanto alguns cercaram o prédio com cartazes coloridos, membros do Boston Common Asset Management, uma empresa de investimentos socialmente responsáveis dos Estados Unidos que detém ações da Suez e tem criticado suas práticas, leram na reunião uma declaração que acusava abertamente a empresa. Protestos pacíficos semelhantes aconteceram em torno das instalações da Suez em Buenos Aires, Quito, La Paz, Montevideo, Manila, Roma e outras cidades.

## Fórum Alternativo Mundial da Água — Nova Déli, Índia, janeiro de 2004

Outras reuniões que se tornaram muito importantes para o movimento global pela justiça na questão da água são os Fóruns Sociais Mundiais — reunião global anual de ativistas, ambientalistas, acadêmicos e políticos progressistas —, que se encontram para fazer um contraponto ao Fórum Econômico Mundial anual, em Davos, na Suíça, do qual participam as elites globais políticas e empresariais, e para promover alternativas à globalização econômica, à privatização e ao domínio da economia pelas corporações. O Primeiro Fórum Social Mundial aconteceu em janeiro de 2001, na cidade de Porto Alegre, Brasil, que também abrigou os eventos nos dois anos seguintes e novamente em 2005 (do qual participaram 150 mil pessoas do mundo todo). Em cada uma dessas reuniões, nosso movimento pela água realizou oficinas, manifestações pela resistência à água privada e reuniões estratégicas para promover nosso trabalho e fortalecer nossas redes. Em 2004, o Fórum Social Mundial foi realizado em Bombai, na Índia, onde também nos reunimos várias vezes como um movimento.

Mas também fizemos uma assembléia separada, o Fórum Alternativo Mundial da Água em Nova Déli, de 12 a 14 de janeiro, poucos dias antes da grande reunião em Bombai, onde ativistas da água de 65 países se encontraram no India International Centre, em Nova Déli, organizado pela renomada cientista de alimentos e água Vandana Shiva e sua Fundação de Pesquisa para Ciência, Tecnologia e Ecologia. Essa reunião foi especialmente importante para apoiar os movimentos do Pacífico Asiático e para dizer às pessoas da região que essas lutas estavam acontecendo no mundo todo. Ficamos profundamente comovidos de conhecer e apoiar Rajendra Singh, conhecido como "o homem da água", que liderou um movimento para captar água de chuva em Rajasthan. Sua organização, a Tarun Bharat Sangh, trabalhou com mil vilarejos para tirá-los de uma crise relacionada à seca. Os defensores da água privada o odeiam. Em 2002, Singh foi ferozmente espancado por brutamontes supostamente conectados às autoridades locais.

Da cúpula de Nova Déli surgiu uma convicção renovada de se trabalhar contra o Banco Mundial; de excluir a água do Acordo Geral sobre o Comercio de Serviços (GATS); de fazer campanhas coletivas contra a Coca-Cola e a Suez; de lutar por uma convenção da ONU sobre o direito à água e de criar uma nova rede com base na necessidade de oferecer e apoiar alternativas aos serviços hídricos privados. A rede Reclaiming Public Water é uma rede internacional da sociedade civil que compartilha informações, estratégias e recursos para promover parcerias público-privado e parcerias entre operadoras de água, nas quais a experiência das concessionárias públicas de água é transferida para onde for necessário e os sistemas públicos são apoiados por financiamento público do hemisfério norte, como fundos públicos de pensão.

### Quarto Fórum Mundial da Água — Cidade do México, março de 2006

A Cidade do México foi o local do Quarto Fórum Mundial da Água em março de 2006. Em vez de tentar influenciar o fórum oficial, o movimento pela justiça da água decidiu realizar seus próprios eventos, começando com uma marcha de 35 mil pessoas, realizada no primeiro dia do Fórum Mundial da Água. Mil ativistas e acadêmicos também participaram de um fórum popular alternativo, o Fórum Internacional em Defesa da Água, organizado pela COMDA, coalizão mexicana de direitos humanos. Um dos destaques desse fórum foi uma apresentação do novo ministro da água da Bolívia, Abel Mamani, que compartilhou sua "visão humana" da água conosco e prometeu apoiar o direito à água em seu próprio país, na América Latina e na Organização das Nações Unidas. Nosso movimento realizou um gigantesco showmício na enorme Plaza Zócalo, na Constitution Square, no qual fiz um discurso para 20 mil jovens sobre o direito à água. Nossa mensagem abafou a mensagem do fórum oficial na mídia e, quando os ativistas da água do mundo todo voltaram para casa, sabíamos que estávamos deixando para trás um movimento forte e ativo no México.

### Sétimo Fórum Social Mundial — Nairobi, janeiro de 2007

Em 27 de janeiro de 2007, duzentos e cinquenta ativistas de base de mais de 40 países africanos se reuniram em uma sala lotada no gigantesco Moi Stadium em Nairobi, Quênia, para criar a Rede Africana da Água, a primeira rede pan-africana com o objetivo de coordenar esforços para proteger as fontes locais de água e impedir o roubo corporativo de seus suprimentos de água. Para muitos de nós, que estávamos envolvidos na luta há muito tempo, esse foi um momento muito comovente. Os copresidentes Al-Hassan Adam, da Coalizão Nacional Contra a Privatização da Água de Gana, e Virginia Setshedi, da Coalizão Nacional Contra a Privatização da Água na África do Sul, alertaram seus governos e o Banco Mundial de que o abuso tinha de terminar. "Hoje celebramos o nascimento dessa rede", disso Setshedi, "amanhã, o acesso à água limpa para todos." Adam acrescentou: "O lançamento dessa rede deve colocar os corsários da água, os governos e as instituições financeiras internacionais sob aviso de que os africanos resistirão à privatização".

Para mim, o destaque do Fórum Social Mundial foi uma viagem de averiguação até o inesquecível Lago Naivasha, lar de um dos últimos grandes rebanhos de hipopótamos selvagens no leste da África, local de gravação do filme *Entre dois amores* (*Out of Africa*), com Robert Redford e Meryl Streep, e agora à beira da extinção para fornecer rosas para a Europa. O lago raso, sítio Ramsar (proteção de pântanos) da ONU, é rodeado de vulcões na parte plana do Vale Great Rift, no Quênia, e é um paraíso de biodiversidade, repleto de girafas, zebras, búfalos da Índia, leões, gnus e pelo menos 495 espécies de aves. Até 1904, quando o governo assinou um acordo liberando-o para colonizadores europeus, o Lago Naivasha e a terra ao redor eram protegidos com o objetivo de fornecer campo de pasto e caça para o povo maasai. Logo, os colonizadores europeus haviam comprado toda a terra melhor, construído plantações na margem e cercado esses lares com uma série de fazendas de flores. A população começou a crescer e disparou, de 7 mil em 1985 para mais de 300 mil hoje, para atender à indústria de flores. A maioria dos trabalhadores — todos negros e principalmente mulheres — e suas famílias moram do outro lado da estrada das fazendas, em favelas sem água encanada e latrinas no chão, cujo conteúdo é lançado no lago.

O Quênia é o maior produtor de flores de corte na África e o principal fornecedor da Europa. Os britânicos sozinhos gastam US$ 3 bilhões ao ano em flores de corte, e o Quênia abastece um quarto desse mercado. Cerca de 30 grandes cultivadores, quase dois terços deles de propriedade estrangeira, cercam o lago com grandes fazendas industriais, fechadas ao público por portões de ferro e guardas armados. (Muitos trabalhadores ganham apenas US$ 1 por dia, e muitos estão doentes devido ao uso pesado de pesticidas e herbicidas. Dirigimos pelos fundos de uma fazenda, passando pela entrada dos funcionários, onde um cartaz alertava aos empregados que suas vidas estariam em perigo se eles removessem qualquer propriedade da empresa.) As rosas são 90% água, e a Europa está usando esse e outros lagos africanos para proteger suas próprias fontes de água contra a exploração. Os resultados são catastróficos: o lago já está com metade do tamanho que tinha há 15 anos, e os hipopótamos estão literalmente morrendo sob o sol escaldante. Se nada mudar, o lago será uma "poça pútrida enlameada" daqui a dez anos, dizem os cientistas. Com conseqüência da visita, uma nova rede — Amigos do Lago Naivasha — foi criada para salvar esse lugar maravilhoso. Mas o Lago Naivasha é apenas um das dezenas de lagos africanos que estão sendo esgotados para obter lucros — o mais recente legado do relacionamento colonial que ainda não terminou.

## Guerreiros da Água Engarrafada

Um vigoroso movimento internacional está se reunindo para desafiar, também, a indústria da água engarrafada. Embora esse movimento entenda que pessoas em muitas partes do mundo não tenham acesso à água pública limpa e, portanto, são obrigadas a usar água engarrafada, há uma esperança de longo prazo de que chegará o dia em que as fontes de água de superfície do mundo serão limpas e acessíveis, e a água engarrafada será uma coisa do passado. Esse movimento também questiona o uso da água engarrafada em muitos países onde a água pública não é apenas limpa, mas também é mais regulada e provavelmente mais segura que a água em garrafas. E talvez o mais importante seja que esse movimento desafia o crescimento do controle corporativo não apenas da água, mas também das políticas da água por parte das grandes empresas de água engarrafada.

Um exemplo de caso: Em 1998, a Nestlé escolheu o Paquistão, onde apenas um quarto dos cidadãos tem acesso à água limpa, para lançar sua estratégia global de água no mercado da água engarrafada e convenceu o governo do Paquistão que a água engarrafada era a resposta à crise de água do país. Ela lançou seu novo produto, a Pure Life, como a única fonte real de água limpa que oferece sais minerais, ajuda a evitar a obesidade e reduz o risco de problemas de saúde. O governo paquistanês deu à Nestlé acesso a vários grandes aqüíferos, e os lucros da empresa decolaram à medida que o consumo de água engarrafada disparou 140% em dois anos. No entanto, o relacionamento logo azedou, quando os lençóis freáticos diminuíram, e ficou evidente que a empresa estava esgotando futuras fontes de água para obter lucro e violando o próprio compromisso com os direitos humanos, assumido no Pacto Global da

ONU. Além disso, informou Nils Rosemann em um relatório de 2005 para a Coalizão Suíça de Organizações de Desenvolvimento, logo ficou claro que o preço da Pure Life estava fora do alcance da maioria. Reagindo a um forte protesto público e a uma campanha organizada de cidadãos anti-Nestlé, em fevereiro de 2005, o governo paquistanês enviou um aviso à administração da Nestlé de que ela estava vendendo seus produtos sem autorização. Os dois lados estão brigando na justiça desde então.

Uma resistência semelhante tem surgido no mundo todo. Franklin Frederick, do Movimento de Cidadania pelas Águas, do Brasil, viajou até a sede da Nestlé, em Vevey, na Suíça, em junho de 2005, para protestar contra o dano que ela está causando em sua cidade natal, São Lourenço, onde o excesso de bombeamento destruiu o sabor das primitivas e famosas águas minerais da região. Acusações de odores fétidos importunam a Coca-Cola na vila de Barangay Mansilingan, perto da cidade portuária de Bacolod, nas Filipinas, onde 500 famílias acusam a empresa de lançar contaminantes prejudiciais em seu suprimento de água. Na Indonésia, a WALHI, uma coalizão do Fórum Indonésio do Meio Ambiente, e os Amigos da Terra da Indonésia lideraram uma luta contra as grandes concessões que o governo deu à Danone e à Coca-Cola para retirar enormes quantidades de água subterrânea em Central Java, onde as empresas estão destruindo a subsistência de milhares de agricultores. A oposição está crescendo na parte destruída pela guerra em Chiapas, no México, onde a Coca-Cola foi beneficiada com a concessão de leis de zoneamento favoráveis para extrair água suficiente para suprir cinco vilas, enquanto os habitantes ficam sem água. Algumas licenças são válidas até 2050.

Em 20 de janeiro de 2005, milhares de pessoas em toda a Índia cercaram as 87 fábricas da Coca-Cola e da PepsiCo do país e disseram às empresas "Saiam da Índia", pois elas estavam violando a garantia constitucional de direito à vida. Em todo o país, essas empresas têm enfrentado intensa resistência à retirada exponencial de água (a maioria de graça ou por um preço simbólico), e as resistências mais apaixonadas e organizadas vêm das pessoas mais pobres do planeta. Em junho de 2006, líderes comunitários de Mehdiganj, no norte da Índia, incitaram uma greve de fome de 12 dias em frente à fábrica da Coca-Cola, acusando-a de lançar no meio ambiente altos níveis de cádmio e chumbo. Em 2007 mais de 40 pessoas, incluindo a famosa líder anti-represas Medha Patkar, foram presas em Nova Déli, no Dia Internacional da Água,

22 de março por causa de um protesto pacífico contra a escassez de água que está sendo criada em toda a Índia por essas empresas de engarrafamento.

"O mundo precisa saber que a Coca-Cola tem um relacionamento extremamente insustentável com a água, sua principal matéria-prima", disse Amit Srivastava, do India Resource Center e líder do movimento anti-Coca-Cola. "Beber Coca-Cola contribui diretamente para a perda de vidas, sustentos e comunidades na Índia."

Os conflitos cobram um preço muito caro. M. P. Veerendrakumar, líder da Indian Newspaper Society, descreve os anos de batalhas judiciais que os habitantes da vila de Plachimada travaram contra a Coca-Cola. Embora os tribunais tenham fechado a fábrica local, "a realidade é que as empresas de refrigerante de cola continuam suas atividades, com força total e sem controle. A voz fraca do povo ainda é ouvida apenas por poucas pessoas. Pouco se faz para dar fim a essa exploração, que gera conseqüências desastrosas. A infelicidade desse povo renegado espalha melancolia por essa terra amaldiçoada. Com suas misérias enredadas em uma confusão de crescentes litígios e detalhes técnicos, os renegados dalits e adivasis, membros das castas inferiores (que já foram chamados de intocáveis) travam a batalha final na trincheira contra um inimigo desumano, enquanto a terra foge por debaixo de seus pés cambaleantes."

Conflitos semelhantes estão aumentando também no hemisfério norte. A Nestlé possui 75 nascentes sob sete nomes de marcas diferentes nos Estados Unidos: Poland Spring, Ice Mountain, Deer Park, Zephyrhills, Arrowhead, Ozarka e Calistoga. Um confronto cruel surgiu no nordeste da Califórnia, entre os habitantes de McCloud e a Nestlé, que recebeu permissão para engarrafar e vender água das escarpas do Monte Shasta. Além disso, a empresa recebeu direitos ilimitados à água subterrânea na área e o controle da grande represa no Rio McCloud. Do outro lado do país, em Michigan, a Sweetwater Alliance e a Cidadãos de Michigan pela Conservação da Água processaram a Nestlé por tentar extrair e exportar água dos Grandes Lagos através de um duto que a empresa instalou em uma fazenda particular que ela comprou perto do lago. O estado do Maine se transformou em um grande campo de batalha, reunindo ambientalistas, agricultores e ativistas contra a Poland Springs, da Nestlé, em Fryeburg, que conseguiu acesso a um aqüífero próximo. A Save Our Groundwater (SOG), liderada por Denise Hart, ativista comunitária com fala suave, mas profundamente determinada, tem lutado contra uma gigantesca autorização para retirada de água em Nottingham, New Hampshire, que concede a uma empresa chamada U.S.A. Springs o direito de retirar mais de 1,6 milhão de litros por dia do solo, ameaçando fazendas e empresas na comunidade. Embora não tenha sido bem-sucedido em interromper o projeto, o grupo obrigou o governo estadual a criar proteções pra a água subterrânea. Ali ao lado, em Vermont, o Vermont Natural Resources Council, alarmado com relatos de extrações de água indiscriminadas em todo o estado, lançou uma campanha bipartidária em prol de uma lei semelhante.

Grupos têm feito campanhas contra essas empresas nacional e internacionalmente. Na América do Norte, o Instituto Polaris, a Responsabilidade Corporativa Internacional (CAI) e a Alliance for Democracy assumiram a liderança em pesquisas e campanhas contra a água engarrafada. A CAI realiza um Desafio da Água de Torneira em *campi* universitários e porões de igrejas, desafiando participantes vendados a diferenciarem entre água engarrafada e água de torneira. A maioria não consegue. A Campanha para Parar a Coca Assassina é outro grupo com uma mensagem ainda mais forte: a Coca-Cola violou direitos humanos em seus sindicatos em locais como Guatemala, Nicarágua e Colômbia, e direitos comunitários na Índia. Esse e outros grupos participam das reuniões anuais de acionistas da Coca-Cola, nas quais contestam publicamente a empresa e atraem a atenção da mídia. Na reunião de 2004 em Wilmington, Delaware, o ativista Ray Rogers foi derrubado no chão e carregado para fora por seguranças quando se recusou a parar de falar. Eles também visitam *campi* de universidades e escolas convocando boicotes. Mas de 100 escolas e universidades apenas nos Estados Unidos têm programas anti-Coca-Cola em funcionamento e pelo menos 20 baniram a Coca-Cola por completo. A empresa é tão controversa que foi obrigada a se retirar do principal patrocínio aos concertos Live 8 de 2005, no início da crítica global. E, em julho de 2006, a KLD, principal promotora da idéia de "responsabilidade social corporativa" nos Estados Unidos, excluiu a Coca-Cola de sua listagem de empresas socialmente responsáveis, citando problemas persistentes com práticas trabalhistas em fábricas no exterior, práticas de marketing com crianças e abuso da água em países como a Índia.

## As Empresas de Engarrafamento Reagem

Essa resistência organizada ao poder das grandes empresas de engarrafamento e à destruição ambiental e social que elas têm criado vem forçando essas empresas a lançarem campanhas de relações públicas para conter os danos às suas imagens corporativas. Como parte de seu Compromisso com a Água, a Nestlé patrocina o Water Education for Teachers (WET), sediado em Montana, que publica um currículo para escolas sobre questões relacionadas à água — por exemplo, como funcionam as bacias hidrográficas e a conexão entre água limpa e saúde — e já treinou mais de 180 mil professores em 21 países para implantar seu programa. O Projeto WET realizou o Fórum Mundial da Água para Crianças no Quarto Fórum Mundial da Água de 2006, na Cidade do México, envolvendo as crianças nessa reunião controversa e escondendo seu suporte do Banco Mundial e das corporações do Conselho Mundial da Água.

A Starbucks financia projetos para levar água de beber limpa a comunidades pobres com sua marca Ethos Water. A empresa agora patrocina uma Caminhada pela Água todo ano, no Dia Internacional da Água, para "ajudar as crianças a receberem água limpa", e dá dinheiro para projetos hídricos na Índia e no Quênia. "Ao comprar a água Ethos™, os consumidores se tornam parte da oportunidade de fazer a diferença nas vidas das crianças e de suas comunidades em todo o mundo", disse Jim Donald, presidente e CEO, no Dia Internacional da Água em 2007, no site da Starbucks. (Os ativistas ficaram furiosos com a tentativa cínica de uma corporação de roubar esse importante dia para promover seu logo e sua marca. Um deles colocou uma propaganda alternativa no site da Ethos que dizia: "Você sabia que nós enganamos os clientes para comprarem nossa água ao vendermos a idéia de que eles estão ajudando as crianças de todo o mundo? É fato: a Ethos Water é vendida por US$ 1,80 a garrafa em sua loja local da Starbucks e apenas 5 cents vão para esse objetivo. [...] Essa é a verdade. Vamos ganhar US$ 360 milhões vendendo água com a promessa de que estamos ajudando as crianças de todo o mundo".)

Na esperança de restaurar parte da boa vontade que fez de sua marca principal um ícone mundial, relata o *Wall Street Journal*, a Coca-Cola está promovendo a água limpa nos países em desenvolvimento. A empresa tem cerca de 70 projetos de água limpa em 40 países, um serviço que ela espera que detenha a campanha global anti-Coca-Cola, além de garantir novos clientes. A empresa também espera curar uma dor de cabeça na área de relações públicas, observa o jornal, gerada por sua própria sede de água. Suas 400 marcas de bebida usam mais de 280 bilhões de litros de água ao ano. O presidente da empresa, E. Neville Isdell, diz que o "cuidado com a água" agora é prioridade máxima. A Coca-Cola se associou ao projeto Blood: Water Mission, da banda de rock Jars of Clay, que envia um percentual da receita com o CD *Good Monsters* para fornecer água limpa na África. A Coca-Cola também se associou à Cargill, à Dow Chemical e à Procter & Gamble, além de ao UNICEF e à CARE, para criar o Global Water Challenge (GWC), com a intenção "de fornecer água limpa e saneamento básico e educação sobre higiene" nos países em desenvolvimento. Na reunião anual de junho de 2007 do WWF em Pequim, a Coca-Cola prometeu US$ 20 milhões para a conservação da água.

Embora alguns desses esforços individuais possam levar um pouco de água para algumas famílias e comunidades, é muito importante ver o que realmente são — uma tentativa das empresas de enfraquecer a crítica à sua conduta de caridade no estilo "sinta-se bem" ao mesmo tempo em que ganha dinheiro. "Queremos ser vistos como amigos e apoiadores das comunidades em que operamos, e essa é uma excelente maneira de criar relacionamentos positivos com as comunidades locais", disse, à revista *Pink*, o diretor de parcerias globais de água da Coca-Cola, Dan Vermeer, que percebeu que a empresa estava precisando de um ou dois artigos positivos. "Conforme fazemos isso mais amplamente, há uma história que pode ter impacto positivo sobre a maneira como as pessoas pensam na empresa e a valorizam."

Mas o principal problema dessas relações públicas "pintadas de verde" é que elas mascaram a verdadeira questão do abuso da água e o papel que corporações como a Coca-Cola e a Nestlé (e a Suez e a Veolia) representam nesse abuso. Além disso, coloca um rosto humano em um sistema de distribuição de água profundamente falho e controlado por corporações que, com as poucas exceções beneficentes que essas empresas abrem em suas próprias regras por meio desses projetos, fornecem água como uma commodity privada àqueles que podem comprá-la e negam àqueles que não podem. As poucas pessoas alcançadas por essas ações beneficentes acabam diminuídas em comparação com os milhões de pessoas que elas deliberadamente deixam para trás na busca pelo controle da água do mundo. Na realidade dessas empresas, a água não é um direito humano fundamental para todas as pessoas da Terra, mas um produto de mercado cada vez mais controlado pelo setor privado para seu próprio lucro pessoal.

Talvez, se houvesse suprimentos ilimitados de água limpa, essa questão fosse menos crucial. Mas, com os avisos urgentes que agora vêm de todas as partes do mundo sobre a futura escassez de água e as guerras que dela resultarão, o inexplicável e desigual controle privado da água não é mais aceitável.

Saído de milhares de conflitos locais pelo direito básico à água, fortalecido por reuniões internacionais, um movimento internacional altamente organizado e maduro pela justiça da água foi formado e está moldando o futuro da água do mundo. Esse movimento já teve um efeito profundo sobre as políticas globais da água, forçando instituições globais como o Banco Mundial e a Organização das Nações Unidas a admitirem o fracasso de seu modelo, e tem ajudado a formular políticas da água em dezenas de países. O movimento forçou a abertura de um debate sobre o controle da água e enfrentou os "Lordes da Água" que se elegeram árbitros desse recurso em extinção. O crescimento de um movimento democrático global pela justiça da água é um avanço fundamental e positivo que criará as necessárias: responsabilidade, transparência e supervisão pública para a crise da água à medida que os conflitos pela água assomam no horizonte.

Capítulo 5

# O Futuro da Água

*A quem tem sede, darei de graça a água da fonte.*

Apocalipse 21:6

As três crises da água — diminuição dos suprimentos de água doce, acesso desigual à água e controle corporativo da água — representam a maior ameaça de nosso tempo ao planeta e à nossa sobrevivência. Junto com a iminente mudança climática devido a emissões de combustíveis fósseis, as crises da água impõem algumas decisões de vida ou morte a todos nós. A menos que mudemos coletivamente nosso comportamento, estamos nos dirigindo a um mundo de intensificação de conflitos e potencial de guerras pelos minguados suprimentos de água doce — entre nações, entre ricos e pobres, entre o interesse público e o privado, entre habitantes rurais e urbanos e entre as necessidades concorrentes do mundo natural e as dos seres humanos.

## A Água Está se Tornando uma Crescente Fonte de Conflito

### Dentro de Países

Os conflitos pela água já abrangem desde o intensamente pessoal até o geopolítico. A crise da água na Austrália está gerando animosidade pessoal e até mesmo brigas. Em Sydney, a "fúria pela água" levou algumas pessoas a vigiarem para impedir a irrigação ilícita feita pelos vizinhos. Nas comunidades rurais devastadas pela seca, os roubos de água estão aumentando, e a brigada de incêndio de Minyip — cidade que ficou famosa por causa da série de TV The Flying Doctors — foi obrigada a trancar com cadeado a torneira de seu poço. A crise da água no Meio-Oeste americano fez com que comunidades e indústrias ao longo do Rio Colorado lutassem entre si pelos minguados suprimentos de água. Cerca de US$ 2,5 bilhões estão planejados ou em andamento para projetos

148 Água, Pacto Azul

hídricos em quatro estados, informou o *New York Times*, ao longo dos "2.200 quilômetros de neve derretida e salvação para mais de 20 milhões de pessoas em sete estados". Os ânimos estão se alterando entre usuários concorrentes de água, velhas rivalidades estão piorando e alguns estados estão travando guerras judiciais, informa o *Times*. O estado de Montana abriu um processo contra o estado de Wyoming por retirar mais do que sua parte dos afluentes do rio, e o crescimento populacional nos estados de Nevada e Utah colocou esses dois estados em discussões relacionadas a diversos dutos propostos.

Os ânimos estão alterados na China porque a chuva é "roubada" através da semeadura de nuvens. Na Província de Henan, o *Chinese Daily* relata que cinco cidades áridas estão em uma concorrência feroz entre si para captar a chuva antes que as nuvens se afastem. Em Klaten, em Central Java, na Indonésia (onde a Danone está drenando os aqüíferos), a água é tão escassa que toda vez que os agricultores vão ao campo para irrigar suas plantações, eles vão armados com machados, serras e martelos para lutar entre si pelos suprimentos em declínio. Na gigantesca favela de Kibera, em Nairobi, no Quênia, um milhão de pessoas compartilha apenas 600 latrinas no chão trancadas com cadeados (pelas quais precisam pagar para usar) e, por isso, muitas pessoas são forçadas a defecar em sacos plásticos, chamados de "banheiros voadores". Relatos de violência familiar estão aumentando nessa favela e em outros lugares, pois as mulheres, responsáveis por encontrar e usar a água, voltam para casa de mãos vazias e enfrentam maridos e pais irados.

As mulheres estão à frente de uma luta intensa entre os nativos mazahuas e as autoridades mexicanas que confiscaram suas fontes de água para uso na Cidade do México. A fonte de um quarto da água do México se encontra em terras indígenas e, ainda assim, muitas comunidades nativas não têm acesso à água. Dezesseis mil litros cúbicos por segundo passam pelas terras e lares dos mazahuas, mas oito aldeias não têm água nenhuma. Um grupo de mulheres criou o Zapatista Army of Mazahua Women in Defense of Water e, em 11 de dezembro de 2006, elas fecharam ilegalmente as válvulas de uma das usinas do sistema. Em resposta, a Comissão Nacional de Água enviou quinhentos policiais para ocupar suas aldeias. Beatriz Flores, uma das manifestantes, disse à Inter Press Service News Agency que está preparada para ser presa se a batalha esquentar.

Na América Latina, aumenta a fúria contra a prática de norte-americanos e europeus ricos comprarem amplas faixas de terra, o que lhes garante a propriedade privada das águas nessas terras. Como informa o *New Internationalist*, na região argentina e chilena da Patagônia, Ted Turner, da CNN, é proprietário de 55 mil hectares. Luciano Benetton, magnata da Benetton, comprou 900 mil hectares — o que equivale a metade da área do País de Gales — e foi contestado por famílias mapuche locais, que foram expulsas em 2002 pela polícia depois de terem ocupado terras na propriedade de Benetton que eles alegam ser seu lar ancestral. Um processo jurídico ainda está a caminho dos tribunais. O jornalista Tomas Bril Mascarenhas diz que as cercas estão se expandindo pela imensidão da Patagônia, desalojando povos nativos e transformando água pura privada em propriedade privada.

Os ativistas da água na África do Sul ensinam rotineiramente as comunidades locais a desarmarem medidores de água, um ato ilegal. Em julho de 2006, a força aérea do Sri Lanka realizou ataques contra os rebeldes Tigres de Tamil, que interromperam o desvio de água para um canal de irrigação que cortava seu fornecimento de água. Em 7 de janeiro de 2007, funcionários da Nepal Water Supply Corporation, fornecedora local de água pública em Kathmandu, cortou o fornecimento de água para o palácio real, a residência do primeiro-ministro e o centro de convenções da cidade, em um protesto contra um projeto de lei que permitia a transferência do sistema hídrico da cidade para a empresa britânica de água Severn Trent. (Os funcionários da empresa não cortaram o fornecimento às residências da cidade.) Como conseqüência, a Severn Trent retirou sua proposta. A Malásia aprovou uma nova lei para a água em maio de 2006, aplicando a pena máxima àqueles que contaminam a água de modo a colocar vidas em risco ou provocar a morte. Mais de metade dos rios do país estão poluídos, informa o *Asia Times*, e os crescentes custos de manutenção desses sistemas tem gerado preocupação nas esferas influentes do governo. A nova lei tem amplo apoio na Malásia. A água também é o centro do terrível conflito em Darfur, diz a Human Rights Watch e outras instituições. A desertificação e ciclos de seca cada vez mais regulares colocou nômades contra agricultores, o que levou os agricultores a atacarem os postos avançados do governo no sul. Em vez de lidar com a crise da água, o governo convocou os janjawid[1]. "Acho que não se pode

---

1 Janjawid: milícia que opera em Darfur, no Sudão. Apresentam-se como árabes embora em geral sejam provenientes de tribos africanas nômades. (N. do T.)

separar a mudança climática do crescimento populacional, que aumenta os padrões de consumo e a globalização", escreve Michael Klare em seu livro de 2002, *Resource Wars*. "É realmente um fenômeno."

Nada disso é surpresa para o cientista Marc Levy, do Center for International Earth Science Information Network, do Instituto da Terra, da Columbia University em Nova York, que há anos estuda as conexões entre a seca e os conflitos. Em um comunicado à imprensa em 14 de abril de 2007 em Nova York, Levy descreveu como ele e seus colegas usaram décadas de registros detalhados de precipitação, que eles revestiram com informações geoespaciais sobre conflitos, com o objetivo de criar um modelo para rastrear o evidente vínculo entre a escassez de água e a violência entre estados-nações. Levy disse que muitas mortes nacionais relacionadas ao conflito da água já ocorreram na última década e citou que haverá outras no Nepal, em Bangladesh, na Costa do Marfim, no Sudão, no Haiti, no Afeganistão e em partes da Índia.

### Entre Países

Em todo o mundo, mais de 215 grandes rios e 300 bacias de água subterrânea e aqüíferos são compartilhados por dois ou mais países, gerando tensões sobre a propriedade e o uso das águas preciosas que contêm. A crescente escassez e a distribuição desigual da água estão causando divergências, às vezes violentas, e se tornando um risco à segurança em várias regiões. O ex-secretário de defesa da Grã-Bretanha, John Reid, alerta para as "guerras da água" que estão por vir. Em uma declaração pública na véspera de uma cúpula de 2006 sobre mudança climática, Reid previu que a violência e o conflito político se tornariam mais prováveis à medida que as bacias hidrográficas se transformassem em desertos, as geleiras derretessem e os suprimentos de água fossem envenenados. Ele chegou ao ponto de dizer que a crise global da água estava se tornando uma questão de segurança global e que as forças armadas da Grã-Bretanha deveriam se preparar para resolver conflitos, incluindo operações militares, relacionados às fontes de água em declínio. "Essas mudanças tornam o surgimento de conflitos violentos mais provável, e não menos provável", disse o ex-primeiro-ministro britânico Tony Blair ao *The Independent*. "A dura verdade é que a falta de água e terras agrícolas são um significativo fator contribuinte para o trágico conflito que estamos vendo desenrolar em Darfur. Devíamos ver isso como sinal de alerta."

O jornal *The Independent* apresentou vários outros exemplos de regiões de conflito potencial. Incluem Israel, Jordânia e Palestina, pois todos usam o Rio Jordão, que é controlado por Israel; Turquia e Síria, pois os planos turcos para construir represas no Rio Eufrates levaram o país à beira de uma guerra com a Síria em 1998, e a Síria agora acusa a Turquia de interferir deliberadamente em seu suprimento de água; China e Índia, pois o Rio Brahmaputra já gerou tensão entre os dois países no passado, e a proposta da China de desviar o rio está reacendendo a disputa; Angola, Botswana e Namíbia, pois as disputas sobre a bacia hidrográfica de Okavango, que surgiram no passado, agora ameaçam se reacender porque a Namíbia está propondo a construção de um duto de 300 quilômetros que esvaziará o delta; Etiópia e Egito, pois o crescimento populacional está ameaçando gerar conflitos ao longo do Nilo; e Bangladesh e Índia, pois as enchentes do Ganges causadas pelo derretimento de geleiras no Himalaia estão inundando Bangladesh, levando a um aumento da migração ilegal — e impopular — para a Índia.

Embora não seja provável que se transformem em conflito armado, os estresses estão aumentando ao longo da fronteira entre Estados Unidos e Canadá por causa das águas compartilhadas pelos dois países. Em especial, aumentam as preocupações acerca do futuro dos Grandes Lagos, cujas águas estão se tornando cada vez mais poluídas e cujos lençóis freáticos estão diminuindo constantemente devido ao gigantesco crescimento da população e das indústrias ao redor da bacia. Uma comissão conjunta criada para supervisionar essas águas foi recentemente contornada pelos governadores dos estados americanos que fazem fronteira com os Grandes Lagos, que aprovaram uma emenda ao tratado que governa os lagos com o objetivo de permitir desvios de água para novas comunidades fora da bacia no lado americano. Os protestos canadenses não encontraram eco em Washington. Em 2006, o governo americano anunciou planos para que a guarda costeira americana patrulhasse os Grandes Lagos usando metralhadoras em seus barcos e revelou que havia criado 34 zonas de treinamento permanentes de tiro livre ao longo dos Grandes Lagos, de onde já realizava diversos treinos com metralhadoras devido à oposição feroz, disparando nos lagos 3 mil projéteis de chumbo a cada treino. O governo norte-americano cancelou temporariamente esses treinos, mas está defendendo claramente a autoridade americana sobre o que, no passado, eram consideradas águas conjuntas.

152  Água, Pacto Azul

Problemas semelhantes estão surgindo na fronteira entre México e Estados Unidos, onde um grupo privado de proprietários de direitos da água nos Estados Unidos está usando o Tratado Norte-Americano de Livre Comércio (NAFTA) para combater a antiga prática de fazendeiros mexicanos desviarem água do Rio Grande antes de ela chegar aos Estados Unidos.

## Refugiados da Água

Lester Brown, do Instituto de Políticas para a Terra, em Washington, alerta para um futuro de migração em massa de refugiados da água. Em seu livro de 2006, *Plan B 2.0: Rescuing a Planet under Stress and a Civilization in Trouble*, ele apresenta um cenário assustador de um futuro não tão distante, no qual a escassez de água acaba com as plantações em terras irrigadas e milhares de pessoas desalojadas seguem as fontes de água para sobreviver. Ele observa que um modo de medir a segurança da água é a quantidade de água disponível por pessoa em um país. Em 1995, 166 milhões de pessoas viviam em países onde o suprimento médio de água era menor que mil metros cúbicos de água ao ano — quantidade considerada necessária para satisfazer às necessidades básicas da vida. Até 2050, observa Brown, 1,7 bilhões de pessoas viverão na terrível "pobreza de água" e serão forçados a se deslocar.

Hoje, observa ele, podemos encontrar refugiados da água no Irã, no Afeganistão, em regiões do Paquistão, no noroeste da China e em muitas regiões da África. Neste momento, aldeias estão sendo abandonadas, mas, em determinada época, cidades inteiras podem ter de ser relocadas, como Sana'a, capital do Iêmen, ou Quetta, capital da província paquistanesa de Beluquistão. Cientistas chineses relatam que já há refugiados do deserto em três províncias — Mongólia Interior, Ningxia e Gansu. Outras 4 mil aldeias enfrentam o abandono devido à redução de seus suprimentos de água. No Irã, já são milhares de aldeias abandonadas devido à expansão dos desertos e à falta de água. Na Nigéria, 3.500 quilômetros quadrados de terra são transformados em deserto todo ano, fazendo com que a desertificação seja o maior problema ambiental do país. Lá, como em outros lugares, os agricultores são empurrados para a periferia das crescentes favelas das megacidades, onde pioram a crise urbana da água.

A cada dia, diz Brown, corpos aparecem nas costas da Itália, da França e da Espanha: resultado de atos desesperados de pessoas fugindo da seca. A cada dia, centenas de mexicanos arriscam a vida tentando atravessar a fronteira com os Estados Unidos; cerca de 400 a 600 mexicanos deixam áreas rurais diariamente, abandonando pedaços de terra secos demais para a agricultura. Para chegar aos Estados Unidos, eles devem passar por rios tão tóxicos (contaminados pelo despejo de resíduos de fábricas maquiladoras[2] controladas por estrangeiros) que precisam usar sacos plásticos sobre os sapatos.

## A Água Está se Tornando uma Questão de Segurança Global

### *Os Estados Unidos*

A água recentemente (e de repente) se tornou uma prioridade na segurança estratégica e na política exterior dos Estados Unidos. Como conseqüência dos ataques terroristas de 11 de setembro de 2001, a proteção das hidrovias e dos suprimentos de água potável dos Estados Unidos contra ataques terroristas se tornou de importância vital para a Casa Branca. Quando o Congresso dos Estados Unidos criou o Departamento de Segurança Nacional, em 2002, deu ao departamento a responsabilidade de proteger a infra-estrutura de água do país e investiu US$ 548 milhões em apropriações para a segurança de instalações de infra-estrutura hídrica, financiamento que foi aumentado nos anos subseqüentes. A Agência de Proteção Ambiental (EPA) criou um Centro de Pesquisas de Segurança do Território Nacional para desenvolver fundamentações e ferramentas científicas a serem usadas no caso de um ataque aos sistemas hídricos do país, e uma Divisão de Segurança da Água foi criada para treinar o pessoal das concessionárias de água em assuntos relacionados à segurança. A agência também criou o Water Information Sharing and Analysis Center para disseminar alertas sobre ameaças potenciais à água potável e, com a American Water Works Association, um sistema rápido de notificação por e-mail para profissionais, chamado de Water Security Channel. Sempre fiel à ideologia da economia de mercado, as instruções do Departamento de Segurança Nacional incluem a promoção de parcerias público-privado na proteção da segurança da água do país.

Mas o interesse na água não parou aí. Em Washington, a água está se tornando uma questão estratégica tão importante quanto à energia. Em uma

---

2. Maquiladoras são fábricas destinadas a concluir a produção de empresas norte-americanas e transnacionais que se implantaram no país. (N. do T.)

nota de agosto de 2004 para o Instituto de Análise da Segurança Global, um núcleo de idéias que se concentra na ligação entre energia e segurança, o Dr. Allan R. Hoffman, analista sênior do Departamento de Energia dos Estados Unidos, declarou que a segurança da energia dos Estados Unidos, na verdade, depende do estado de seus recursos hídricos e alertou para o crescimento de uma crise de segurança da água no mundo todo. "Assim como a segurança da energia se tornou uma prioridade nacional no período após o Embargo Árabe do Petróleo, em 1973-74, a segurança da água está destinada a se tornar uma prioridade nacional e global nas décadas futuras", diz Hoffman. Ele observa que, para lidar com questões relacionadas à segurança da água, é fundamental encontrar a energia para extrair água de aqüíferos subterrâneos, transportar a água através de dutos e canais, administrar e tratar a água para reutilização e dessalinizar a água salobra e a água do mar — tecnologias que agora são promovidas por parcerias do governo dos Estados Unidos com empresas americanas. Ele também observa que os interesses dos Estados Unidos pela energia do Oriente Médio podem ser ameaçados por conflitos relacionados à água na região: "Os conflitos relacionados à água aumentam a instabilidade de uma região da qual os Estados Unidos dependem muito para obter petróleo. A continuação ou a piora desses conflitos pode submeter os suprimentos de energia dos Estados Unidos a uma nova chantagem, como ocorreu nos anos de 1970".

A escassez de água e o aquecimento global são uma "séria ameaça" à segurança nacional dos Estados Unidos, disseram altos líderes militares aposentados ao presidente em um relatório de abril de 2007, publicado pelo núcleo de idéias sobre segurança nacional CNA Corporation. Seis almirantes aposentados e cinco generais aposentados alertaram para um futuro de guerras desenfreadas pela água, para as quais os Estados Unidos serão arrastados. Erik Peterson, diretor do Global Strategy Institute, do Center for Strategic and International Studies, organização de pesquisa de Washington que se autodenomina "parceira do governo no planejamento estratégico", diz que os Estados Unidos devem fazer com que a água seja uma alta prioridade na política exterior. "Existe uma dimensão muito, muito crítica para todos esses problemas globais da água aqui no país", disse ele ao *Voice of America News*. "A primeira é que o país tem interesse em ver a estabilidade, a segurança e o desenvolvimento econômico em áreas essenciais do mundo, e a água é um grande fator nesse conjunto de desafios." Esse centro reuniu forças com a ITT Industries, gigante de tecnologia em água; a Procter & Gamble, que criou um purificador de água caseiro chamado PUR e está trabalhando com a ONU em um empreendimento conjunto público-privado em países em desenvolvimento; a Coca-Cola; e a Sandia National Laboratories para criar um instituto de pesquisa conjunta chamado Global Water Futures (GWF). A Sandia, cujo lema é "assegurar um mundo pacífico e livre através da tecnologia" e que trabalha para "manter a superioridade militar e nuclear dos Estados Unidos", é subcontratada da fabricante de armas Lockheed Martin para o governo americano, ligando diretamente, dessa forma, a segurança da água à segurança militar.

O objetivo do Global Water Futures é duplo: influenciar a estratégia e a política dos Estados Unidos acerca da crise global da água e desenvolver a tecnologia necessária para criar a solução. Em um relatório de setembro de 2005, a Global Water Futures alertou que a crise global da água está conduzindo o mundo em direção "à gota d'água na história do homem" e reforçou a necessidade de os Estados Unidos começarem a considerar a segurança da água com mais seriedade: "Em vista das tendências globais relacionadas à água, é claro que a qualidade da água e a proteção da água afetarão quase todas as prioridades estratégicas dos Estados Unidos em todas as regiões importantes do mundo. Ao lidarmos com as necessidades de água do mundo, iremos além dos interesses humanitários e de desenvolvimento econômico. [...] Políticas voltadas para a água em regiões do outro lado do planeta devem ser consideradas elementos críticos para a estratégia de segurança nacional dos Estados Unidos. Essas políticas devem fazer parte de uma estratégia americana mais ampla, abrangente e integrada em relação aos desafios globais da água".

As inovações em políticas e tecnologias devem ser bem interligadas, diz o relatório; sem dúvida, música para os ouvidos das corporações que o patrocinaram. A GWF pede inovações e cooperação mais próxima entre o governo e o setor privado e esforços "redobrados" para mobilizar parcerias público-privado no desenvolvimento de soluções tecnológicas. E, em uma linguagem familiar aos críticos do governo norte-americano ao argumentar que os Estados Unidos não estão no Iraque para promover a democracia, mas para assegurar recursos petrolíferos e obter enormes lucros para as empresas norte-americanas no esforço de "reconstrução", o relatório faz uma analogia entre o apoio aos valores democráticos norte-americanos e o lucro a ser obtido no processo: "As questões relacionadas à água são fundamentais para a segurança nacional dos Estados Unidos e para apoiar os valores norte-americanos de humanitarismo e desenvolvimento democrático. Além disso, o envolvimento com questões hídricas internacionais garante oportunidades comerciais para o setor privado norte-americano, que está bem posicionado para contribuir para o desenvolvimento e colher recompensas econômicas". No relatório, entre as agências governamentais envolvidas em questões hídricas, está o Departamento de Comércio, que "facilita os negócios e as pesquisas de mercado relacionadas à água nos Estados Unidos e aumenta a competitividade do país no mercado internacional da água".

## Aqüífero Guarani

Há uma crescente preocupação na América do Sul quanto ao interesse que os Estados Unidos estão demonstrando no maior reservatório subterrâneo de água da região, o Aqüífero Guarani, que se estende sob partes da Argentina, do Brasil, do Paraguai e do Uruguai — uma área maior que os estados americanos do Texas e da Califórnia juntos — que agora atende a pelo menos 500 cidades e distritos na região. O *National Geographic News* informa que algumas acusações estão encobrindo os esforços internacionais para desenvolver de modo sustentável o Aqüífero Guarani devido à presença de uma grande base do exército norte-americano na área e ao envolvimento do Global Environment Facility, um consórcio de financiamento com sede nos Estados Unidos, administrado pelo Banco Mundial e pela Organização das Nações Unidas e que envolve interesses norte-americanos privados. O movimento da sociedade civil brasileira Grito das Águas preocupa-se com o fato de que os Estados Unidos terão acesso ao conhecimento acumulado em anos de pesquisas nas universidades latino-americanas para colocar à disposição de corporações norte-americanas. A dominação "hidro-geopolítica" simplesmente seria o capítulo mais recente em uma história de exploração de recursos na região, afirma Adolfo Esquivel, ativista argentino laureado com o Prêmio Nobel da Paz. (Há vários anos circulam na região relatórios não oficiais que afirmam que George W. Bush comprou 40.500 hectares (100 mil acres) de terra no norte do Paraguai, bem acima do aqüífero. O jornal *The Guardian* cita Erasmo Rodriguez Acosta, governador da região do Alto Paraguai, onde supostamente está localizada a nova aquisição, confirmando essa compra. Esses rumores não ajudaram a dissipar a crescente preocupação quanto aos interesses americanos no Aqüífero Guarani.)

Embora o projeto normalmente seja citado como um esforço ambiental e humanitário, grupos locais têm motivos para estar preocupados com a chegada de investidores privados em algum momento. Em seu site, o Global Environment Facility (GEF), procura abertamente parceiros do setor privado para seus projetos: "Está absurdamente claro que os problemas ambientais globais como a mudança climática e a perda de biodiversidade só serão resolvidos se o setor privado também ajudar com seus recursos técnicos, administrativos e financeiros e sua experiência. [...] O setor privado é reconhecido como um importante *stakeholder* nas atividades do GEF e tem um papel fundamental a desempenhar nos desafios ambientais globais em parceria com o GEF." O site declara que o Banco Mundial representa o principal papel na garantia e administração do envolvimento do setor privado nos projetos do GEF e observa que mais de 12 projetos de mudança climática financiados pelo GEF envolvem a participação de empresas de serviços energéticos. E acrescenta: "O ministro do Meio Ambiente do Brasil tem discutido ativamente mecanismos para garantir que empresas do setor privado e fundações comerciais com interesse na proteção da biodiversidade possam participar das atividades de projetos financiados pelo GEF".

### Europa

A França, a Alemanha e a Grã-Bretanha há muito promovem os interesses de suas corporações de água no hemisfério sul, chegando ao ponto de envolverem suas embaixadas em negociações entre as empresas nacionais e os países que necessitam de serviços. A França, em particular, tem sido uma negociadora agressiva em países em desenvolvimento, usando seu poder, bem como sua política exterior e de ajuda, para obter os melhores negócios possíveis para a Suez e a Veolia. Agora, uma nova organização européia com notáveis semelhanças com o Global Water Futures foi criada para avaliar a questão da segurança da água na Europa.

A European Water Partnership (EWP) foi criada em 2006 para "encontrar soluções para os desafios da água na Europa toda" e para estimular parcerias entre os governos, a sociedade civil e o setor privado. Ela será responsável por um "programa de pesquisas estratégicas" e agirá como "mecanismo vital para aumentar os investimentos e o apoio à competitividade no setor hídrico europeu". A EWP nasceu de duas grandes iniciativas da água — a Water Supply and Sanitation Technology Platform e a European Regional Process —, que criaram a visão européia no Quarto Fórum Mundial da Água na Cidade do México. A Water Supply and Sanitation Technology Platform é uma "plataforma tecnológica" apoiada pela Comissão Européia para promover a inovação tecnológica na água e aumentar a competitividade do setor hídrico europeu. O presidente de seu conselho é o Dr. Claude Roulet, vice-presidente da Schlumberger, gigante da tecnologia energética sediada no Texas e que opera em 80 países. Roulet também é vice-presidente do EUROGIF, European Oil and Gas Innovative Forum, um forte grupo setorial com 2.500 membros, criado para promover a posição competitiva do setor energético da Europa.

Muitos membros da European Water Partnership são empresas de tecnologia da água, o que demonstra claramente que, assim como o Global Water Futures nos Estados Unidos, este projeto faz uma conexão entre a segurança da água na Europa e a promoção da indústria de reutilização da água pelo setor privado na Europa. Outros membros são associações da indústria de tecnologia da água, universidades, institutos de pesquisa governamentais e até escritórios de advocacia e consultoria especializados no aconselhamento de empresas de água. Todo mês de junho, a EWP realiza a European Policy Summit on Water, uma importante cúpula de políticas "para pensar na segurança da água e no que precisamos fazer em termos coletivos e corporativos". A cúpula é co-patrocinada pelo Amigos da Europa, conhecido núcleo de idéias de Bruxelas cujos membros incluíam ilustres políticos seniores aposentados e ex-membros da comissão trilateral. O presidente da Amigos da Europa é o Visconde Etienne Davignon, vice-presidente da Suez-Tractebel, subsidiária integral de engenharia da Suez, e os membros do comitê incluem Pascal Lamy, diretor-geral da Organização Mundial do Comércio, e Joachim Bitterlich, vice-presidente executivo da Veolia. (Davignon também aconselha Louis Michel, Comissário de Desenvolvimento Europeu, nas políticas de ajuda à África, um cargo que está sob intensa crítica de grupos da sociedade civil por causa da conexão de Davignon com a Suez.)

A cúpula da EWP em 2007 foi chamada de "Water Security — Does Europe Have a Strategy?", e as sessões, que incluíam "Enhancing water and energy security" e "Investment opportunities in water", claramente fizeram a mesma ligação que Washington entre a segurança da água e o progresso dos interesses no setor de tecnologia da água. A EWP também lançou um site e um blog interativos chamados "Blue Gold" (o que surpreendeu o autor, que cunhou o termo como crítica àqueles que vêem a água como um recurso para gerar lucros), e inseriu textos denominados "Bottled water benefits the poor" e "European Commission aims to adopt market-based instruments to achieve environmental goals".

## China

A água como questão de segurança nacional também chegou aos mais altos níveis do governo chinês e lá, como na Europa e nos Estados Unidos, a resposta está na inovação tecnológica do setor privado em combinação com políticas de segurança nacional. A principal diferença é que a China ainda não tem sua própria indústria privada de tecnologia hídrica e deve confiar nas indústrias estabelecidas da Europa e dos Estados Unidos. O Ministério de Recursos Hídricos da China, uma enorme burocracia que envolve dez departamentos, é responsável por todos os aspectos de políticas, planejamento e financiamento para a água, além da supervisão de "medidas regulatórias econômicas", incluindo a promoção de uma enorme infra-estrutura de tecnologia hídrica. "A água tornou-se uma questão importante para o governo e a sociedade chinesa", declara o ministro no site oficial. A cada ano, sob a orientação do governo chinês, o ministério realiza uma Exposição da Água em Pequim, que apresenta "os mais recentes produtos e tecnologias para água" e se tornou "uma novíssima plataforma para atender à indústria chinesa de recursos hídricos".

O ministério também apoiou o Congresso de Água da China em abril de 2007 em Pequim, cujo lema é "assegurar a grande demanda de suprimento e tratamento de água na China de maneira lucrativa". Co-patrocinado pela International Desalination Association e pela Motimo, uma empresa chinesa de tecnologia de membranas, o congresso reuniu funcionários públicos chineses e a indústria global da água, incluindo Suez, Veolia e centenas de corporações de tecnologia da água, como a ITT e a Hyflux. "A água da China é um enorme mercado esperando pela participação do mundo todo", disse Qiu Baoxing, ministro da construção na China. "As tendências atuais de investimentos e criação de políticas estão conduzindo inexoravelmente os projetos hídricos em direção à privatização. A indústria está se tornando mais aberta que nunca."

160  Água, Pacto Azul

Ao mesmo tempo, o governo chinês (assim como o governo norte-americano) está trabalhando para conseguir novas fontes de água fora das fronteiras da China. O Tibete é a fonte de água de cerca de metade da humanidade, pois as dez maiores bacias hidrográficas que se formam bem acima do Planalto Tibetano se espalham por toda a Ásia. O plano da China de desviar permanentemente 17 bilhões de metros cúbicos ao ano dessas bacias hidrográficas está criando grande consternação entre os tibetanos (que consideram o Tibete um país ocupado), bem como entre outros países asiáticos que dependem daquela água para a sobrevivência diária. Tashi Tsering, especialista tibetano em recursos naturais da University of British Columbia, disse à rádio Free Europe que esse projeto reflete um padrão de exploração dos recursos naturais do Tibete: "Eles buscam no Tibete suprimentos de água, o que é perfeito para essas gigantescas burocracias e empresas de construção de instalações para água que basicamente estão procurando onde mais podem construir represas e projetos de desvio de água porque eles já desviaram e represaram todos os rios da China".

Esses blocos poderosos estão estabelecendo o cenário para assegurar o controle sobre suprimentos de água para proteger e promover seus próprios interesses de segurança nacional. Além disso, eles querem manter uma vantagem competitiva em uma economia global cada vez mais competitiva e, para isso, precisam de água. Os Estados Unidos e a Europa também estão buscando promover os interesses de suas corporações de água na corrida para criar um cartel global da água. Para a China, conseguir suprimentos é uma questão de vida ou morte como superpotência econômica emergente. Como disse o analista de commodities Jim Rogers ao *Hong Kong Standard*: "Se a China não conseguir resolver o problema da água, pode ser o fim da linha". Essa dinâmica de superpotências adiciona uma dimensão totalmente nova às crescentes preocupações acerca do potencial de conflitos e guerras pela água.

## Pacto Azul: um Futuro Alternativo para a Água

A humanidade ainda tem uma alternativa para deter esses cenários de conflitos e guerras. Poderíamos começar com um pacto global para a água. O Pacto Azul deve ter três componentes: um pacto de conservação da água por parte das pessoas e dos governos que reconhecem o direito da Terra e de outras espécies à água limpa e se comprometem a proteger e conservar os suprimentos de água do mundo; um *pacto de justiça da água* entre aqueles no hemisfério norte que têm água e recursos e aqueles no hemisfério sul que não os têm, para trabalhar de modo solidário em prol da justiça da água, da água para todos e do controle local da água; um *pacto pela democracia da água* entre todos os governos, reconhecendo que a água é um direito humano fundamental para todos. Portanto, os governos não devem apenas fornecer água limpa a seus cidadãos como um serviço de utilidade pública, mas também devem reconhecer que os cidadãos de outros países também têm direito à água e devem encontrar soluções pacíficas para as disputas de países pela água.

Um bom exemplo disso é o projeto Good Water Makes Good Neighbors, do Amigos da Terra do Oriente Médio, que busca usar a água compartilhada e a idéia de justiça da água para negociar um acordo de paz mais amplo na região. Outro exemplo é a restauração bem-sucedida do belo Lago Constance pela Alemanha, Áustria, Lichtenstein e Suíça, os quatro países que o compartilham. O Pacto Azul também deve criar o centro de um novo acordo sobre o direito à água, a ser adotado nas constituições dos estados-nações e nas leis internacionais da Organização das Nações Unidas. Gerar as condições para esse acordo exigirá uma colaboração internacional orquestrada e coletiva que terá de enfrentar todas as três crises da água juntas, com as seguintes alternativas:

## Conservação da Água

Primeira alternativa para a crise — diminuição dos suprimentos de água doce — é a conservação. Muito trabalho tem sido feito para documentar as maneiras como podemos salvar os sistemas hídricos do planeta. O conhecimento e as recomendações estão aí; o que falta é vontade política. O primeiro e mais importante passo é a restauração das bacias hidrográficas e a proteção das fontes de água. O cientista eslovaco Michal Kravçik e seus colegas acreditam que nosso abuso coletivo da água é o fator mais importante na mudança climática e alerta que, com o tempo, nosso comportamento atual destruirá por completo o ciclo hidrológico. Eles argumentam que a única solução é a restauração maciça das bacias hidrográficas. Levar a água de volta para paisagens áridas, argumentam eles. Devolver a água que desapareceu por meio da retenção do máximo possível de água da chuva no país, de modo que a água possa permear o solo, reabastecer os sistemas de água subterrânea e retornar à atmosfera para regular as temperaturas e renovar o ciclo hidrológico. Todas as atividades humanas, industriais e agrícolas devem cumprir esse imperativo, um projeto que, além de tudo, empregaria milhões de pessoas e diminuiria a pobreza no hemisfério sul. Nossas cidades devem ser rodeadas de zonas verdes de conservação e devemos restaurar florestas e pântanos.

Três leis básicas da natureza devem ser cumpridas. Primeiro, é necessário criar condições que permitam que a água da chuva permaneça nas bacias hidrográficas locais. Isso significa restaurar os espaços naturais onde a água da chuva pode cair e por onde a água possa fluir. A retenção da água pode ser realizada em todos os níveis: jardins nos telhados de casas residenciais e prédios comerciais; planejamento urbano que permita que a água da chuva seja captada e devolvida à terra; armazenamento da água na produção de alimentos; captação do escoamento diário de água para devolvê-la limpa à terra, e não aos oceanos, cujos níveis estão subindo.

Segundo, não podemos continuar a minerar os suprimentos de água subterrânea em um ritmo superior ao do reabastecimento natural. Se continuarmos assim, não haverá água suficiente para a próxima geração. As extrações não podem exceder o reabastecimento, assim como não se pode sacar dinheiro de uma conta bancária sem novos depósitos. Os governos de toda parte deveriam realizar intensas investigações em seus suprimentos de água subterrânea e regular as extrações de água subterrânea antes que suas reservas subterrâneas se esgotem.

Terceiro, é claro, devemos parar de poluir nossas fontes de água de superfície e subterrânea e devemos apoiar essa intenção com leis rígidas. Martin Luther King Jr. disse: "Podemos dizer que é verdade que a lei não pode mudar o coração, mas pode conter os que não têm coração". A legislação também deve incluir penalidades para as corporações nacionais que geram poluição em países estrangeiros. O abuso da água na produção de petróleo e gás metano deve parar. Muitas coisas foram escritas sobre os danos à água causados pela agricultura industrial e química e pela irrigação por enchente. No livro de 2007, *Who Owns the Water?*, os editores Klaus Lanz, Christian Rentsch, Rene Schwarzenbach e Lars Müller pedem uma Revolução Azul na agricultura, produzindo "mais colheitas por gota d'água" e o fim do uso em massa de produtos químicos em plantações de alimentos. Eles observam que, hoje, os fazendeiros do mundo todo usam seis vezes mais pesticidas do que há 50 anos. Devemos ouvir as muitas vozes que estão dando o alarme quanto à fissura pela agricultura de biocombustíveis, que usa uma quantidade absurda de água, um novo e perigoso uso de terras agrícolas produtivas, altamente subsidiado por muitos governos. Sandra Postel e outras pessoas apontam o caminho para sistemas de produção de alimentos mais sustentáveis, incluindo o uso da irrigação por gotejamento.

O Fórum Internacional de Globalização tem escrito muito sobre a idéia de "subsidiariedade", na qual as políticas dos estados-nações e as regras de comércio internacional poderiam apoiar a produção local de alimentos, com o objetivo de proteger o meio ambiente e promover a agricultura sustentável local. Essas políticas também desencorajariam o comércio virtual de água, e os países poderiam proibir ou limitar a movimentação intensa de água através de dutos. O investimento do governo em infra-estrutura de água e água residual economizaria enormes volumes de água desperdiçada todo dia em sistemas antiquados ou inexistentes. As leis nacionais poderiam fiscalizar as práticas de captação de água em todos os níveis.

Kravçik não é um idealista ingênuo. Ele sabe que essas soluções naturais desafiam os dogmas mais profundos da globalização econômica e do imperativo de crescimento por trás dela. (O falecido ambientalista americano Edward Abbey disse que o crescimento apenas pelo crescimento é a ideologia da célula cancerígena.) Kravçik também sabe que esse plano debilitaria o enorme investimento atualmente dirigido a soluções tecnológicas como dessalinização, reutilização de águas residuais e nanotecnologia. "A tragédia de nossa solução", escreve ele, "é que ela não é um negócio magnífico e atraente de engenharia tecnológica para que as grandes empresas queiram investir nela, mas, pelo contrário, um programa comunitário voltado para o cuidado meticuloso com milhares de pessoas." Ele pede a governos e instituições internacionais que salvem o Planeta Azul por meio de "programas comunitários de desenvolvimento sustentável" que seriam muito mais baratos que a tecnologia que eles estão apoiando, além de proteger a biodiversidade e prevenir desastres naturais e guerras.

Existem muitos exemplos, desde o sistema "Acequia" do Novo México, que usa uma antiga tradição natural de irrigação por canais para distribuir água em terras áridas, até o projeto de captação de água de Rajendra Singh, na Índia. A Aliança Internacional de Captação da Água da Chuva, com sede em Genebra, trabalha globalmente para promover programas de captação sustentável de água da chuva e para obter o apoio dos governos e da Organização das Nações Unidas a esses programas. Kravçik diz que temos dez anos para implementar essas reformas. Dito de forma simples, a água do ciclo hidrológico nos dará um fornecimento eterno se cuidarmos dela e permitirmos que a terra a renove.

## Justiça da Água

Segunda alternativa para a crise — acesso desigual à água — é a justiça da água, e não a caridade. Milhões de pessoas vivem em países que não podem fornecer água limpa (nem cuidados com a saúde ou a educação) a seus cidadãos porque estão sobrecarregados com dívidas para com o Banco Mundial e o Fundo Monetário Internacional. Como conseqüência, os países pobres são forçados a explorar seus povos e seus recursos, como a água, para pagar as dívidas. Grupos e redes como Jubilee South, Make Poverty History e ActionAid relatam que pelo menos 62 países precisam de profundo perdão da dívida para que as mortes diárias de milhares de crianças tenham um fim. Além disso, a ajuda de muitas nações do hemisfério norte a países estrangeiros fica bem abaixo da recomendação de 0,7% do PIB. Os Estados Unidos, por exemplo, só empregam 0,17% do PIB em ajuda a países estrangeiros e, no governo Bush, condicionavam essa ajuda à promessa de mercados abertos para corporações americanas.

O que muitas dessas corporações estão fazendo no hemisfério sul é criminoso, impondo uma nova forma de conquista colonial disfarçada de único modelo econômico disponível. Em vários países, empresas norte-americanas e européias recebem isenção de impostos por vários anos e tratam a população e o meio ambiente local com desprezo. Como explica o Dr. Dale Wen, do Fórum Internacional de Globalização, não se pode condenar o "problema de poluição da China" sem condenar as transnacionais estrangeiras que provocam grande parte do dano em solo chinês. Os governos do Primeiro Mundo precisam assumir o controle de seus cidadãos corporativos em países estrangeiros. As empresas canadenses de mineração, por exemplo, são conhecidas como exploradoras ambientais e o governo canadense deve responsabilizá-las por suas ações.

As empresas de água estão entre as piores e devem ser obrigadas a deixar os países pobres. Se o Banco Mundial, a Organização das Nações Unidas e os países do hemisfério norte estivessem falando sério quando se propõem a fornecer água limpa para todos, eles cancelariam ou perdoariam grande parte da dívida do Terceiro Mundo, aumentariam substancialmente a ajuda a países estrangeiros, financiariam serviços públicos, diriam às grandes empresas engarrafadoras que parassem de secar os países pobres e investiriam em programas de recuperação da água para proteger a água de fonte. Eles também diriam às empresas de água que elas não têm mais influência sobre a decisão de quais países e comunidades recebem financiamento para a água. Os cidadãos de países do Primeiro Mundo precisam reconhecer e desafiar a hipocrisia de seus governos, muitos dos quais jamais permitiriam que corporações estrangeiras administrassem e gerassem lucro com seus suprimentos de água, mas continuam a apoiar as instituições financeiras e comerciais globais que commoditizam a água no Terceiro Mundo. Muitas pessoas que fazem parte do movimento pela justiça da água trabalham com grupos de comércio justo para criar um conjunto inteiramente novo de regras para o comércio global, baseadas na sustentabilidade, na cooperação, na preocupação ambiental e em padrões justos de trabalho. Elas também defendem um imposto sobre a especulação financeira; até mesmo um imposto modesto poderia subvencionar hospitais, escolas e concessionárias de água públicos no hemisfério sul.

Uma menção especial deve ser feita a dois grupos que estão sentindo o impacto da desigualdade da água: as mulheres e os povos nativos. A Organização Feminina para o Meio Ambiente e o Desenvolvimento (WEDO), organização internacional de apoio que busca aumentar o poder das mulheres em todo o mundo como criadoras de políticas, nos lembra que as mulheres realizam 80% do trabalho relacionado à água em todo o mundo e, portanto, suportam o impacto da desigualdade da água. A água é um componente crítico da desigualdade de gêneros e do aumento do poder das mulheres, junto com a segurança ambiental e a erradicação da pobreza, afirma a WEDO. Quanto mais a criação de políticas da água é transferida das comunidades locais para um nível global (o Banco Mundial, por exemplo), menos poder as mulheres têm para determinar quem a recebe e sob que circunstâncias. Como principais captadoras de água em todo o mundo, as mulheres devem ser reconhecidas como principais *stakeholders* no processo de tomada de decisões.

Os povos nativos são especialmente vulneráveis ao roubo e à apropriação de água, e seus direitos de propriedade sobre a terra e a água devem ser protegidos pelos governos. Em um chamado à ação no Dia Internacional da Água de 2007 intitulado *Honor the Water, Respect the Water, Be Thankful for the Water, Protect the Water*, a Rede Ambiental Indígena (IEN) salientou que muitos dos recursos que estão sendo drenados por governos e corporações do hemisfério norte se encontram em terras ancestrais. A exploração, privatização e contaminação subseqüentes prejudicam o equilíbrio de recursos culturais e locais sagrados, diz a IEN, que lançou um desafio para "aumentar a voz dos indígenas em defesa da Água Sagrada".

## *Democracia da Água*

Terceira alternativa para a crise — o controle corporativo da água — é o controle público. A criação de um cartel global da água é errada em termos éticos, ambientais e sociais e assegura que as decisões acerca da alocação de água sejam tomadas com base em preocupações comerciais, e não ambientais ou sociais. As corporações privadas transnacionais não podem manter uma posição competitiva na indústria da água se funcionarem com base nos princípios de conservação da água, justiça da água e democracia da água. Apenas os governos, com sua obrigação de trabalhar pelo bem público, podem funcionar de acordo com esses princípios. As corporações da água, sejam concessionárias, empresas de água engarrafada ou a nova indústria de reutilização da água, dependem do aumento do consumo para gerar lucros e nunca serão capazes de aderir seriamente ao esforço de proteção e conservação da água de fonte. Além disso, o controle de suprimentos de água por corporações, normalmente estrangeiras, reduz drasticamente a supervisão democrática das comunidades e países em que elas operam. A água deve ser entendida como parte dos bens comuns globais, mas claramente sujeita à administração local, democrática e pública. Existem muitas alternativas ao controle corporativo da água e incontáveis exemplos de onde elas estão funcionando.

A Public Services International e o Movimento pelo Desenvolvimento Mundial fizeram muito pelas alternativas ao controle privativo dos serviços hídricos e defendem as parcerias público-privado (PPPs). Como explicam David Hall e Emanuele Lobina em *Water as a Public Service*, as concessionárias de água devem ter legitimidade pública e política, poderes jurídicos, recursos financeiros e uma mão-de-obra sustentável. Os operadores estabelecidos de água nos hemisférios norte e sul desenvolveram essas capacidades. Mas muitos no hemisfério sul ainda não foram capazes de fazer isso. As PPPs são um mecanismo para proporcionar a criação de capacidade para esses países, seja através de Water Operator Partnerships, nas quais sistemas públicos estabelecidos transferem experiências e habilidades para os necessitados, ou por meio de projetos nos quais instituições públicas, como sindicatos do setor público ou conselhos de fundos de pensão pública usam seus recursos para apoiar serviços hídricos públicos em países em desenvolvimento. O objetivo é oferecer administração e trabalhadores locais com as habilidades necessárias para distribuir água e fornecer serviços de esgoto ao público.

Exemplos de PPPs bem-sucedidas incluem parcerias entre as autoridades de água de Estocolmo e Helsinki e três antigos países da União Soviética — Estônia, Letônia e Lituânia — e entre a Amsterdam Water e cidades da Indonésia e do Egito. A PSI declara que, se cada concessionária pública de água efetivamente em funcionamento no mundo "adotasse" apenas três cidades necessitadas, as parcerias público-privado poderiam operar em nível global e oferecer água para todos os necessitados por uma fração do custo atual de apoio a empresas privadas. Isso também seria um exemplo concreto de como a cooperação relacionada à água poderia ser uma força unificadora para a humanidade.

Em sua publicação de março de 2007 — *Going Public: Southern Solutions to the Global Water Crisis* —, o Movimento pelo Desenvolvimento Mundial dá exemplos de quatro sistemas hídricos públicos locais em Porto Alegre, no Brasil; Tamil Nadu, na Índia; Phnom Penh, no Cambodja e Kampala, em Uganda. Ele descobriu que, embora todas sejam diferentes e ofereçam soluções locais para problemas locais, elas têm em comum o compromisso com a eficiência, a responsabilidade, a transparência e a participação comunitária. A PSI também escreveu muito sobre o financiamento da água pública e recomenda uma combinação de impostos progressivos do governo central, microfinanciamento e cooperativas para administrar os sistemas diariamente. Para financiar os investimentos de capital, a PSI recomenda empréstimos vindos de fontes nacionais e internacionais do setor público para proteger países e investidores contra os riscos do mercado de câmbio. Bancos de desenvolvimento devem retomar o papel para o qual foram criados e investir em sistemas públicos sem fins lucrativos, eficientes, responsáveis, transparentes e democráticos.

O controle corporativo da água em outras áreas também deve ser combatido. Isso não quer dizer que não há lugar para o setor privado na busca de soluções para a crise global da água. Mas todas as atividades do setor privado devem se manter sob rígida supervisão pública e responsabilidade governamental, e todas devem funcionar de acordo com um programa cujas metas sejam a conservação e a justiça da água. Haveria um papel muito diferente para a indústria privada de tecnologia de reutilização da água se o mundo adotasse a solução de captação de água da chuva proposta por Michal Kravçik, além de rígidas leis antipoluição e de proteção às fontes. O futuro não incluiria milhares de usinas de dessalinização em torno dos oceanos nem máquinas sugando das nuvens a água da chuva. Nem haveria motivos, reais ou percebidos, para beber água engarrafada.

Mas os governos não podem esperar por essas mudanças para implementar controles rígidos sobre a indústria de tecnologia de reutilização da água, e todo o investimento do governo nesse setor deve ser claramente voltado para o bem de todos. De modo semelhante, em países ou comunidades em que a água engarrafada ainda é a única segura para se beber, os governos devem controlar a indústria de engarrafamento, obrigando-a a ser sustentável, administrada localmente e controlada publicamente, e as garrafas devem ser recicláveis. No entanto, a meta final deve ser eliminar a necessidade de água engarrafada no mundo todo.

## O Direito à Água: uma Idéia cuja Hora Chegou

Por fim, o movimento global pela justiça da água está exigindo uma mudança nas leis internacionais para decidir de uma vez por todas a questão de quem controla a água. Deve ser senso comum que a água não é um bem comercial — embora, evidentemente, tenha uma dimensão econômica —, mas, pelo contrário, é um direito humano e uma responsabilidade pública. O necessário agora é executar a lei para codificar que os estados têm a obrigação de fornecer água suficiente, segura, acessível e barata aos cidadãos como um serviço público. Embora "água para todos, em todos os lugares e sempre" possa parecer evidente, o fato é que as forças que se movimentam para assumir o controle corporativo da água têm resistido ferozmente a essa idéia. E muitos governos também têm resistido, seja porque, no caso de governos ricos, suas corporações se beneficiam da commoditização da água ou, no caso de governos pobres, porque eles temem não ser capazes de honrar esse compromisso. Portanto, grupos em todo o mundo estão se mobilizando em suas comunidades e países pelo reconhecimento constitucional do direito à água dentro de suas fronteiras e na Organização das Nações Unidas, para conseguir um amplo tratado que reconheça internacionalmente o direito à água. (Os termos *pacto, tratado* e *convenção* são usados como sinônimos pela ONU.)

Rosmarie Bar, da Alliance Sud, da Suíça, explica que por trás do apelo por uma convenção ou pacto compulsório existem questões de princípios. O acesso à água é um direito humano ou apenas uma necessidade? A água é um bem comum, como o ar ou uma commodity, como a Coca-Cola? Quem está recebendo o direito ou o poder de abrir ou fechar a torneira — o povo, os governos ou a mão invisível do mercado? Quem estabelece o preço para um distrito pobre em Manila ou La Paz — o conselho de águas eleito localmente ou o CEO da Suez? A crise global da água exige uma boa governança, diz Bar, e a boa governança precisa de bases legais compulsórias que se apóiam nos direitos humanos universalmente aplicáveis. Um pacto da ONU estabeleceria a estrutura para a água como um bem social e cultural, não uma commodity econômica. Além disso, estabeleceria a indispensável base jurídica para um sistema justo de distribuição. Serviria como um conjunto comum e coerente de papéis a serem representados por todas as nações, ricas e pobres, e esclareceria que é papel do estado fornecer água limpa e barata para todos os seus cidadãos. Tal pacto também protegeria os já aceitos direitos humanos e princípios ambientais em outros tratados e convenções.

O advogado de Michigan, Jim Olson, que está profundamente envolvido na luta contra a Nestlé, diz que deve-se "repetir e repetir" a idéia de que a privatização da água é simplesmente incompatível com a natureza da água como um bem comum e, portanto, com os direitos humanos fundamentais. "A água está sempre se movimentando, a menos que haja intervenção humana. A intervenção é o direito de usar, e não de possuir e privatizar por meio da exclusão de outras pessoas que têm igual acesso ao uso da água. É importante distinguir entre a propriedade soberana e o controle da água, usufruído por estados ou nações através dos quais a água flui ou se movimenta, e a propriedade privada. A propriedade soberana do estado não é a mesma coisa, e tem a ver com o controle e o uso da água para o bem, a saúde e a segurança de todos, e não para obter lucro privativo." Se, por outro lado, diz Olson, o estado se alia ao Banco Mundial e negocia com corporações os direitos privados à sua água, o estado viola os direitos de seus cidadãos, que teriam de receber uma indenização, de acordo com o princípio dos direitos humanos, se o pacto for bem delineado.

Uma convenção ou pacto de direitos humanos impõe três obrigações sobre os estados: a Obrigação de Respeitar, de acordo com a qual o estado deve reprimir qualquer ação ou política que interfira no usufruto do direito humano; a Obrigação de Proteger, de acordo com a qual o estado é obrigado a impedir que terceiros interfiram no usufruto do direito humano; e a Obrigação de Cumprir, de acordo com a qual o estado deve adotar todas as medidas adicionais voltadas para a concretização desse direito. A Obrigação de Proteger forçaria os governos a adotarem medidas para impedir que as corporações neguem acesso igual à água (o que, em si, já é um incentivo para que as empresas de água deixem o negócio), bem como impedir que elas poluam as fontes de água ou extraiam os recursos hídricos de modo não sustentável.

Em nível prático, um pacto de direito à água daria aos cidadãos uma ferramenta para responsabilizar seus governos nos tribunais do país e no "tribunal" da opinião pública, além de buscar indenizações internacionais. Diz a União Mundial para a Conservação: "Os direitos humanos são formulados em termos de indivíduos, e não em termos de direitos e obrigações dos estados em relação a outros estados, como as cláusulas de leis internacionais normalmente fazem. Portanto, ao transformar a água em direito humano, ela não poderá ser tirada das pessoas. Através de uma abordagem baseada em direitos, as vítimas da poluição da água e as pessoas desprovidas da água necessária para suprir suas necessidades básicas têm acesso a remédios. Em contraste com outros sistemas de leis internacionais, o sistema de direitos humanos permite o acesso de indivíduos e de ONGs".

A união também declara que um pacto de direito à água tornaria as obrigações e as violações do estado mais visíveis para os cidadãos. Um ano depois da ratificação, deve-se esperar que os estados estabeleçam um plano de ação, com metas, políticas, indicadores e cronogramas para atingir a concretização desse direito. Além disso, os estados devem adequar as leis nacionais para respeitar os novos direitos. Em alguns casos, isso inclui emendas constitucionais. Também deve ser estabelecida alguma forma de monitoramento dos novos direitos e das necessidades de grupos marginalizados, como mulheres e povos nativos, que receberiam atenção especial.

Um pacto também poderia incluir princípios específicos para assegurar o envolvimento da sociedade civil para converter a convenção da ONU em leis e planos de ação nacional. Isso daria aos cidadãos uma ferramenta constitucional a mais na luta pela água. Como declarado em um manifesto de 2003 da Amigos da Terra do Paraguai sobre o direito à água: "Uma parte inseparável do direito é o controle e a soberania de comunidades locais sobre seu patrimônio natural e, portanto, sobre a administração de suas fontes de água e sobre o uso dos territórios que produzem essa água, as áreas de bacias hidrográficas e de reabastecimento de aqüíferos". Um pacto de direito à água também estabeleceria princípios e prioridades para o uso da água em um mundo que está destruindo seu patrimônio hídrico. O pacto que prevemos incluiria um discurso para proteger os direitos à água para a Terra e outras espécies e cuidaria da urgente necessidade de recuperação de águas poluídas e do fim das práticas que destroem as fontes de água do mundo. Como observou a Amigos da Terra do Paraguai: "A própria menção a esse suposto conflito — água para uso humano *versus* água para a natureza — já reflete uma falta de consciência do fato essencial de que a própria existência da água depende da administração sustentável e da conservação de ecossistemas".

### *Progresso nas Nações Unidas*

A água não foi incluída na Declaração Universal de Direitos Humanos da Organização das Nações Unidas em 1947 porque, naquela época, não se considerava que a água tivesse uma dimensão de direito humano. O fato de a água agora não ser um direito humano obrigatório permitiu que a tomada de decisões sobre políticas da água mudasse da ONU e dos governos para instituições e organizações que favorecem as empresas privadas de água e a commoditização da água, como o Banco Mundial, o Conselho Mundial da Água e a Organização Mundial do Comércio. No entanto, há mais de uma década têm sido feitos apelos em diversos níveis da Organização das Nações Unidas para conseguir uma convenção do direito à água. Grupos da sociedade civil argumentam que, como as operações das empresas de água se tornaram globais e estão sendo apoiadas por instituições financeiras globais, os instrumentos dos estados-nações para lidar com os direitos à água não são mais suficientes para proteger os cidadãos. São necessárias leis internacionais, argumentamos, para controlar o alcance global dos barões da água. Também observamos que, na Cúpula da Terra de 1990 no Rio, as áreas fundamentais de água, mudança climática, biodiversidade e desertificação foram indicadas para ação. Desde então, todas, menos a água, resultaram em uma convenção da ONU.

Esse lobby começou a dar resultados, e o direito à água foi reconhecido em várias resoluções e declarações internacionais importantes da ONU. Incluem: a Declaração sobre o Direito ao Desenvolvimento, produzida na Assembléia Geral de 2000; a resolução sobre resíduos tóxicos de 2004 no Comitê de Direitos Humanos; e a declaração de maio de 2005 do Movimento Não-Alinhado de 116 membros sobre o direito à água para todos. O mais importante é o Comentário Geral Número 15, adotado em 2002 pelo Comitê de Direitos Econômicos, Sociais e Culturais da ONU, que reconheceu que o direito à água é um pré-requisito para a realização de todos os outros direitos humanos e é "indispensável para uma vida digna". (Um Comentário Geral é uma interpretação abalizada de um tratado ou convenção de direitos humanos, realizado por um comitê independente de especialistas que têm o objetivo de fornecer aos estados uma interpretação do tratado ou convenção. Nesse caso, a interpretação aplica-se ao Pacto Internacional sobre Direitos Econômicos, Sociais e Culturais.) Portanto, o Comentário Geral Número 15 é uma interpretação abalizada de que a água é um direito e um marco importante no caminho para uma convenção compulsória da ONU.

Mas, como observam John Scanlon, Angela Cassar e Noemi Nemes, da União Mundial para a Conservação, no informe jurídico *Water as a Human Right?*, de 2004, o Comentário Geral Número 15 é uma interpretação, e não uma convenção ou tratado compulsório. Para fazer com que o direito à água seja compulsório na legislação internacional, é necessário um pacto compulsório. Então, intensifica-se a pressão em prol de um pacto total. No início de 2004, Danuta Sacher, da Germany's Bread for the World e Ashfaq Khalfan, do programa Direito à Água do Centro pelo Direito à Moradia contra Despejos da ONU, solicitaram uma cúpula e uma nova rede internacional, chamada Friends of the Right to Water, foi criada. A rede foi estabelecida para mobilizar outros grupos de justiça da água e governos nacionais a se unirem à campanha para fortalecer os direitos estabelecidos no Comentário Geral Número 15 e colocar em ação os mecanismos para assegurar a implementação do direito à água por meio de um pacto.

Em novembro de 2006, respondendo a um apelo de vários países, o recém-criado Conselho de Direitos Humanos da ONU solicitou ao Escritório do Alto Comissariado de Direitos Humanos que realizasse um estudo detalhado sobre o escopo e o conteúdo das obrigações de direitos humanos relevantes relacionadas ao acesso à água de acordo com instrumentos internacionais de direito humano, e que incluísse recomendações de ações futuras. Embora a solicitação não se refira especificamente a um pacto, muitos consideram que esse processo tem potencial para gerar um pacto. Em abril de 2007, Anil Naidoo, do Projeto Planeta Azul do Conselho de Canadenses, outro membro fundador do Friends of the Right to Water, organizou a apresentação de uma carta de endosso solicitando à Comissária da ONU Madame Louise Arbour um pacto de direito à água, assinado por 176 grupos do mundo todo.

Foi essencial receber o apoio dos governos no hemisfério sul, muitos dos quais temem que seus cidadãos possam usar o pacto contra eles se não forem capazes de cumprir imediatamente com suas novas obrigações. Os defensores de um pacto enfatizam que a aplicação de uma nova obrigação de direitos humanos é considerada progressista. Estados sem poder para implementar o direito total não são responsabilizados por não cumpri-lo imediatamente. O que se exige é a necessidade de se darem rapidamente passos para a implementação que aumentarão à medida que a capacidade aumentar. Mas alguns governos estão usando sua incapacidade como desculpa para disfarçar prioridades reais, como o financiamento de forças militares, em vez de serviços públicos. Uma abordagem ao desenvolvimento baseada em direitos faz distinção entre incapacidade e má vontade. Conforme acordado na Conferência Mundial sobre Direitos Humanos da ONU de 1993: "Embora o desenvolvimento facilite o usufruto de todos os direitos humanos, a falta de desenvolvimento não pode ser invocada para justificar a redução de direitos humanos internacionalmente reconhecidos". Um governo que não ratifica um pacto de direito à água não deve tentar se esconder atrás de argumentos relacionados à capacidade.

Nem devem governos relativamente ricos em água, como o Canadá, se esconder atrás de um falso medo (algo que o Canadá está fazendo) de que eles serão forçados a compartilhar os atuais suprimentos de água de seus territórios. Um tratado de direitos humanos ocorre entre um estado-nação e seus cidadãos. O reconhecimento do direito à água não afeta, de forma nenhuma, o direito soberano de um país administrar seus próprios recursos hídricos. O que se espera dos governos do Primeiro Mundo e de suas agências de desenvolvimento é uma ajuda adequada para que países em desenvolvimento cumpram suas metas e assegurem que sua ajuda — e a do Banco Mundial — seja direcionada para serviços hídricos públicos sem fins lucrativos.

## Visões Contrastantes

Embora o movimento global pela justiça da água esteja animado e estimulado por esses avanços, existe uma crescente preocupação de que esse processo possa ser seqüestrado pelas corporações da água, alguns países do norte e o Banco Mundial, e usado para criar uma convenção que reverencie a inclusão dos atores do setor privado. Atualmente há um amplo entendimento de que o direito à água é uma idéia cuja hora chegou e que alguns que se opuseram a ela até muito recentemente decidiram retirar a oposição e ajudar a moldar o processo e o produto final à sua própria imagem. A ironia é que esse novo cenário pode ter simplesmente surgido do próprio sucesso do trabalho árduo do movimento global pela justiça da água. Até recentemente, as instituições globais e as grandes empresas de água se opunham de modo inflexível a uma convenção sobre o direito à água. E vários países europeus também, como França, Inglaterra e Alemanha, lares das grandes empresas de água. Nos Fóruns Mundiais da Água em Haia e Kyoto, os membros do Conselho Mundial da Água e os governos recusaram os apelos da sociedade civil em prol de uma convenção sobre o direito à água e disseram que a água é uma necessidade humana, e não um direito humano. Não é uma mera questão de semântica: não se pode negociar ou vender um direito humano ou negá-lo a alguém com base em sua incapacidade de pagar por ele.

No Quarto Fórum Mundial da Água na Cidade do México, a declaração executiva mais uma vez não incluiu o direito à água. Mas o Conselho Mundial da Água lançou um novo relatório chamado *The Right to Water: From Concept to Implementation*, uma reformulação sutil de vários documentos da ONU com pouquíssima menção ao setor privado (exceto para dizer que o direito à água pode ser implementado "de várias maneiras") e sem referência ao debate público-privado espumando à sua volta. Embora o relatório não recomende uma convenção sobre o direito à água, as primeiras palavras do prefácio (escrito por Loïc Fauchon, presidente do Conselho Mundial da Água e executivo sênior da Suez) captam a essência da situação em que essas corporações e o Banco Mundial agora se encontram: "O direito à água é um elemento indissociável da dignidade humana. Hoje, quem ousaria contrariar essa afirmação?" Quem?

O Conselho Mundial da Água está trabalhando com a Green Cross International, uma organização de educação ambiental liderada por Mikhail Gorbachev, que lançou sua própria campanha de alto nível em prol de uma convenção da ONU sobre o direito à água, e é o tipo de convenção que agradaria a Loïc Fauchon. Embora o rascunho de convenção da Green Cross admita que há um problema com "os lucros excessivos e objetivos especulatórios" na exploração privada da água, mesmo assim ele coloca o direito humano e comercial à água em pé de igualdade, estabelece o cenário para o financiamento privado de serviços hídricos, permite a administração privada das concessionárias de água e diz que os sistemas hídricos devem seguir as regras do mercado. Em uma análise jurídica do rascunho de convenção da Green Cross, Steven Shrybman, especialista canadense em comércio e aconselhamento jurídico do Projeto Planeta Azul, do Canadá, diz que ele "tem falhas tão sérias que chega a representar um recuo na atual proteção jurídica internacional ao direito à água". Ainda assim, Gorbachev defendeu sua proposta pró-corporativa em uma entrevista ao *Financial Times*, quando disse que as corporações são as "únicas instituições" com potencial intelectual e financeiro para resolver os problemas hídricos do mundo e que ele está "preparado para trabalhar com elas".

O movimento global pela justiça da água jamais apoiaria uma convenção ou um pacto desse tipo. Em documentos submetidos ao Alto Comissariado, centenas de grupos incitaram a Organização das Nações Unidas a assumir uma posição clara em favor da propriedade pública da água. Para eles, um pacto deve explicitamente descrever a água não apenas como um direito humano, mas também como um patrimônio público. Além disso, um pacto da ONU sobre o direito à água terá de abordar duas grandes deficiências da atual lei de direitos humanos, se quiser ser aceito pela sociedade civil. Essas deficiências são o fracasso em estabelecer mecanismos de cumprimento significativos e o fracasso em comprometer órgãos internacionais.

Em seu documento submetido a Madame Arbour, o advogado Steve Shrybman disse que o avanço mais significativo na lei internacional não está ocorrendo com a aprovação da Organização das Nações Unidas, mas, em vez disso, de acordo com a Organização Mundial do Comércio e os milhares de tratados de investimento bilaterais entre governos que codificaram os direitos corporativos em leis internacionais. "De acordo com essas regras, a água é considerada um bem, um investimento e um serviço e, como tal, está sujeita a disciplinas compulsórias que restringem gravemente a capacidade dos governos de estabelecer ou manter as políticas, leis e práticas necessárias para proteger os direitos humanos, o meio ambiente ou outras metas societárias não comerciais que possam obstruir os direitos privados arraigados nesses acordos comerciais e de investimento."

Além disso, declara Shrybman, esses acordos aparelharam as corporações com poderosas ferramentas novas para defender os direitos proprietários sobre a água, com as quais o estado não pode interferir. "A codificação desses direitos privados gera um impedimento sério e evidente à concretização do direito humano à água." Tribunais privados que operam de acordo com esses tratados agora estão engajados na arbitragem de conflitos entre as normas de direitos humanos e as normas de leis comerciais e de investimento — um papel que eles não estão bem adaptados para cumprir. Ele continua, desafiando o Alto Comissariado a reconhecer a necessidade de lidar com isso imediatamente, e alerta que, a menos que os órgãos da ONU sejam capazes de reafirmar seus papéis como árbitros fundamentais dos direitos humanos, eles correm o risco de se tornar espectadores enquanto tribunais privados que funcionam totalmente fora da estrutura da ONU resolvem problemas essenciais da lei dos direitos humanos. Para ser eficaz, o pacto deve declarar a supremacia do direito humano à água onde há conflitos com interesses privados e comerciais. Além disso, esse instrumento deve ser aplicado a outras instituições além dos estados e, mais importante, às corporações transnacionais, à OMC e ao Banco Mundial.

### Os Grupos de Base Assumem a Dianteira

Claramente, o cenário já foi montado para outra forma de competição. Depois de ter sucesso ao obrigar a Organização das Nações Unidas a lidar com o direito à água, o movimento global pela justiça da água agora deve trabalhar arduamente para garantir que seja o tipo certo de instrumento. Existem muitos sinais positivos. Embora muitos países importantes permaneçam contrários ao direito à água, principalmente Estados Unidos, Canadá, Austrália e China, muitos outros se uniram à luta nos últimos anos. O Parlamento Europeu adotou uma resolução reconhecendo o direito à água em março de 2006 e, em novembro de 2006, como resposta ao Relatório de Desenvolvimento Humano da ONU de 2006 sobre a crise mundial da água, a Grã-Bretanha desistiu de sua oposição e reconheceu o direito à água. Como explica Ashfaq Khalfan, do Centro pelo Direito à Moradia contra Despejos, a maioria dos países, de uma forma ou de outra, apóia a idéia do direito à água em diversas resoluções na Organização das Nações Unidas e é possível contar com eles para um novo apoio. O desafio é obter apoio para um pacto que seja verdadeiramente capaz de cumprir a promessa. É nisso que os grupos da sociedade civil podem ser tão eficazes. Em muitos países, grupos de justiça da água estão trabalhando arduamente para convencer seus governos a apoiarem o tipo correto de ferramenta.

Mas eles não estão esperando pela Organização das Nações Unidas. Muitos também estão trabalhando arduamente em seus próprios países para assegurar a todos o direito à água através de mudanças legislativas nacionais. Em 31 de outubro de 2004, os cidadãos do Uruguai foram os primeiros no mundo a votarem pelo direito à água. Liderados por Adriana Marquisio e Maria Selva Ortiz, da Comissão Nacional em Defesa da Água e da Vida, e Alberto Villarreal, da Amigos da Terra do Uruguai, os grupos primeiro tiveram de obter quase 300 mil assinaturas em um plebiscito (que entregaram ao Parlamento como um "rio humano"), com o objetivo de conseguir um referendo realizado no dia de votação das eleições nacionais, exigindo uma emenda constitucional sobre o direito à água. Eles ganharam com maioria de quase dois terços, um feito extraordinário, considerando o alarmismo que os oponentes espalharam. O discurso da emenda é muito importante. Hoje, a água não apenas é um direito humano fundamental no Uruguai, mas, além disso, agora as considerações sociais têm precedência sobre as considerações econômicas quando o governo cria políticas da água. Além do mais, a constituição agora reflete que "o serviço público de fornecimento de água para consumo humano será feito exclusiva e diretamente por pessoas jurídicas públicas", ou seja, não pelas corporações.

Vários outros países também aprovaram leis de direito à água. Quando o apartheid foi derrotado na África do Sul, Nelson Mandela criou uma nova constituição que definia a água como um direito humano. No entanto, a emenda não mencionou a questão do fornecimento e, pouco depois, o Banco Mundial convenceu o novo governo a privatizar muitos de seus serviços hídricos. Vários outros países em desenvolvimento, como Equador, Etiópia e Quênia, também têm referências, em suas constituições, que descrevem a água como direito humano, mas também não especificam a necessidade de fornecimento público. Em abril de 2005, o Parlamento da Bélgica aprovou uma resolução buscando uma emenda constitucional para reconhecer a água como um direito humano e, em setembro de 2006, o Senado francês adotou uma emenda à sua lei da água dizendo que todas as pessoas têm direito ao acesso à água limpa. Mas nenhum dos dois países faz referência ao fornecimento. Além do Uruguai, o único país a especificar em sua constituição que a água deve ser fornecida publicamente é a Holanda, que aprovou uma lei em 2003 restringindo o fornecimento de água potável a concessionárias totalmente públicas. Mas a Holanda não declarou o direito à água nessa emenda. Apenas a emenda constitucional do Uruguai garante tanto o direito à água quanto a necessidade de fornecê-la publicamente e, portanto, é um modelo para outros países. A Suez foi obrigada a deixar o país como resultado direto dessa emenda.

Outras iniciativas animadoras estão a caminho. Em agosto de 2006, o Supremo Tribunal da Índia decidiu que proteger lagos e lagoas naturais é semelhante a honrar o direito à vida — o direito mais fundamental de todos, de acordo com o tribunal. Ativistas do Nepal estão enfrentando o Supremo Tribunal com o argumento de que o direito à saúde, garantido na constituição do país, deve incluir o direito à água. A Coalizão em Defesa da Água Pública no Equador está comemorando sua vitória sobre a privatização da água, exigindo que o governo dê o próximo passo e crie uma emenda à constituição para reconhecer o direito à água. A Coalizão Contra a Privatização da Água na África do Sul está questionando a prática da medição de água perante o Tribunal Superior de Johannesburgo, alegando que ele viola os direitos humanos dos cidadãos de Soweto. O presidente da Bolívia, Evo Morales, pediu uma "convenção sul-americana pelos direitos humanos e pelo acesso de todos os seres viventes à água" que rejeitaria o modelo de mercado imposto nos acordos comerciais. Pelo menos uma dúzia de países reagiu positivamente a esse chamado. Os grupos da sociedade civil estão trabalhando arduamente em vários outros países para fazê-los adotarem emendas constitucionais semelhantes à do Uruguai. A Ecofondo, uma rede de 60 grupos na Colômbia, criou um plebiscito em prol de uma emenda constitucional semelhante à emenda uruguaia. Eles precisam de pelo menos 1,5 milhões de assinaturas e enfrentam vários processos jurídicos e uma oposição perigosa e hostil. Dezenas de grupos no México se uniram à COMDA, a Coalizão de Organizações Mexicanas pelo Direito à Água, em uma campanha nacional por uma garantia constitucional do direito à água semelhante à do Uruguai.

Uma ampla rede de grupos de direitos humanos, de desenvolvimento, religiosos, trabalhistas e ambientais no Canadá formaram o Friends of the Right to Water canadense, liderado pelo Projeto Planeta Azul, para fazer com que o governo canadense altere sua oposição a um pacto da ONU sobre o direito à água. Uma rede nos Estados Unidos, liderada pela Food and Water Watch, está requerendo um fundo nacional da água para garantir a proteção dos patrimônios hídricos nacionais e uma mudança na política governamental sobre o direito à água. Riccardo Petrella liderou um movimento na Itália para reconhecer o direito à água, que recebe muito apoio dos políticos em todos os níveis. As condições favoráveis para um direito cuja hora chegou estão aumentando em toda parte.

Esta, então, é a tarefa: nada menos que reivindicar a água como um bem comum para a Terra e para todas as pessoas, que deve ser compartilhado de modo sensato e sustentável e protegido, se quisermos sobreviver. Isso não acontecerá a menos que estejamos preparados para rejeitar os princípios básicos da globalização baseada no mercado. Os atuais imperativos de concorrência, crescimento ilimitado e propriedade privada quando se trata da água devem ser substituídos por novos imperativos — de cooperação, sustentabilidade e preocupação pública. Como explicou Evo Morales, da Bolívia, em sua proposta de outubro de 2006 aos chefes de estado da América do Sul: "Nossa meta precisa ser criar uma integração real para 'vivermos bem'. Dizemos 'viver bem' porque não desejamos viver melhor que ninguém. Não acreditamos na linha do progresso e do desenvolvimento ilimitado à custa de outras pessoas e da natureza. 'Viver bem' é pensar não apenas em termos de renda *per capita*, mas de identidade cultural, comunidade, harmonia entre os seres humanos e com a mãe terra".

Existem lições a serem aprendidas com a água, presente da natureza para a humanidade, que pode nos ensinar a viver em harmonia com a terra e em paz uns com os outros. Na África, eles dizem: "Não vamos até os açudes de água apenas para obter água, mas porque amigos e sonhos estão lá para nos encontrar".

# Fontes e Leituras Adicionais

## Capítulo 1: **Para Onde Foi toda a Água?**

Este capítulo aborda a crise ecológica e humana da água em todo o mundo, que foi minuciosamente documentada nos últimos anos. Há muito material de consulta para este capítulo.

As Nações Unidas monitoram a crise global da água em várias de suas agências. Através do World Water Assessment Programme, que coordena o trabalho de 24 agências, a cada três anos a ONU publica uma avaliação inovadora sobre a água do mundo. Em 2006, o Relatório de Desenvolvimento da Água Mundial é chamado de *Water: A Shared Responsibility*. Além disso, a ONU publica um Relatório de Desenvolvimento Humano com o objetivo de "colocar as pessoas de volta ao centro do processo de desenvolvimento". Seu relatório de 2006 foi dedicado (pela primeira vez) à crise mundial da água. *Beyond Scarcity: Power, Poverty and the Global Water Crisis* menciona uma forma de "apartheid da água" que faz uma divisão entre aqueles com acesso a muita água limpa e aqueles com pouco ou nenhum acesso.

O Programa das Nações Unidas para o Meio Ambiente (PNUMA) monitora a qualidade da água no mundo todo e publica pesquisas separadas por país. O Programa Hidrológico Internacional da UNESCO criou um gigantesco banco de dados da água, liderado pelo renomado cientista russo Igor A. Shiklominov, chamado World Water Resources and Their Use. O banco de dados, que é constantemente atualizado, contém informações sobre a alocação dos recursos hídricos mundiais, bem como o uso e a disponibilidade da água mundial. A UNESCO também publicou um relatório em 2007 sobre a água subterrânea, chamado *Groundwater in International Law: Compilations of Treaties and Other Legal Instruments*. A Organização das Nações Unidas para Agricultura e Alimentação (FAO) também publicou um relatório em 2006 chamado *Water for Good, Water for Life: Insights from the Comprehensive Assessment of Water Management in Agriculture*, que contém o trabalho de mais de 400 hidrólogos, agrônomos e outros cientistas. Em maio de 2007, o Painel Intergovernamental sobre Mudança Climática do Programa de Desenvolvimento da ONU publicou um estudo *Technical Paper on Climate Change and Water* para a análise de especialistas governamentais do mundo todo.

A cada dois anos, o Pacific Institute for Studies in Development, Environment and Security, liderado pelo famoso especialista em água Peter Gleick, publica um estudo abrangente chamado *The World's Water: The Biennial Report on Freshwater Resources*, com uma enorme quantidade de dados sobre as tendências mais significativas em termos de água e proteção da água. O Pacific Institute mantém um site dedicado à publicação constante de novas informações e estudos sobre todos os aspectos da crise mundial da água.

O Global Water Policy Project, de Sandra Postel, é dedicado à preservação dos recursos hídricos mundiais e gera um fluxo constante de excelentes pesquisas e documentos, especialmente sobre a desertificação do planeta. O World Watch Institute, cujo site declara que "A escassez de água pode ser o desafio ambiental global menos considerado de nossa época", tem um amplo programa de água e produz volumes gigantescos de pesquisas sobre o estado da água no mundo. A International Rivers Network é a melhor fonte na questão de grandes represas e suas conseqüências. Em 2007, diversas universidades alemãs, em conjunto com o Ministério do Meio Ambiente da Alemanha, publicaram uma compilação de novas pesquisas feitas por mais de cem cientistas internacionais, chamada *Global Challenge: Enough Water for All?* O acervo é uma coleção abrangente e envolvente que conecta a mudança climática à crescente escassez de água do planeta.

A Academia Chinesa de Ciência — principal órgão científico do país — publica volumes sobre o derretimento das geleiras do Planalto Tibetano e sobre a crise da água subterrânea na China. Tushaar Shah, da filial do International Water Management Institute em Gujarat, na Índia, publica informações detalhadas sobre o excesso de bombeamento da água subterrânea na Ásia, alertando o mundo quanto à "anarquia futura" se não houver controle. A divisão de Água e Saneamento da Organização Pan-Americana da Saúde monitora a qualidade da água na América Latina e produz volumes de pesquisas sobre essa região. O U.S. Geological Survey, a Agência de Proteção Ambiental (EPA) e a Academia Nacional de Ciências, entre outros, têm registrado a crescente crise da água nos Estados Unidos.

182  Água, Pacto Azul

Vários livros foram úteis na descrição da crise, incluindo *The Atlas of Water*, um livro de Robin Clarke e Jannet King (2004) com fatos e mapas sobre a água; *Deep Water*, sobre a luta global contra as grandes represas de Jacques Leslie (2005); *Liquid Assets*, sobre a necessidade de proteção dos ecossistemas de água doce, de Sandra Postel (2005); o relatório de junho de 2007 da WWF: *Making Water: Desalination Option or Distraction for a Thirsty World; Mirage: Florida, and the Vanishing Water of the Eastern United States*, de Cynthia Barnett (2007); e *When the Rivers Run Dry*, sobre a crise ecológica da água, de Fred Pearce (2006). "The Rise of Big Water", de Charles C. Mann na edição de maio de 2007 da revista *Vanity Fair* é uma excelente fonte sobre a crise da água na China.

## Capítulo 2: **Armando o Cenário para o Controle Corporativo da Água**

Vários livros foram referências úteis para este capítulo que registra a história da campanha para impor um modelo privado de fornecimento de água e seu fracasso. Incluem *Water Wars*, de Vandana Shiva (2001); *Whose Water Is It?*, uma coleção de 2003 editada por Bernadette McDonald e Douglas Jehl para a *National Geographic*; *The Water Barons*, do the International Consortium of Investigative Journalists (2003); e *The Water Business*, de Ann-Christin Holland (2005).

Agradeço ao Professor Michael Goldman, McKnight Presidential Fellow, do Departamento de Sociologia da University of Minnesota e do Institute for Global Studies, por seu artigo de maio de 2006, *How "Water for All!" Policy Became Hegemonic: The Power of the World Bank and Its Transnational Policy Networks*, apresentado na conferência Science, Knowledge Communities and Environmental Governance na Rutgers University. Tiffany Vogel, pesquisadora voluntária, ajudou na seleção dessas pesquisas.

Muitos relatórios e pesquisas da Public Services International (PSI) e da Public Services International Research Unit (PSIRU) foram mencionados neste livro, e sou profundamente grato a David Boyes e David Hall e suas equipes. Também agradeço ao Movimento pelo Desenvolvimento Mundial (WDM) e ao Corporate Europe Observatory (CEO), que colaboraram com a PSI e a PSIRU em diversos estudos. Incluem: *Water Multinationals: No Longer Business as Usual*, de David Hall (março de 2003); *Water Finance: A discussion Note*, de David Hall (janeiro de 2004); *AquaFed: Another Pressure Group for Private Water*, de David Hall e Olivier Hoedeman (março de 2006); *Pipe Dreams: The Failure of the Private Sector to Invest in Water Services in Developing Countries*, de WDM e PSIRU (março de 2006); *Down the Drain: How Aid for Water Sector Reform Could be Better Spent*, de FIVAS e WDI (novembro de 2006); *Murky Water: PPIAF, PSEEF and Other Examples of EU Aid Promoting Water Privatization*, de CEO (março de 2007); e *Water as a Public Service*, de David Hall e Emanuele Lobina (março de 2007).

Outras boas fontes são *Corporate Hijack of Water: How World Bank, IMF, and GATS-WTO Rules Are Forcing Water Privatization*, de Vandana Shiva, Radha Holla Bhar, Afsar H. Jafri e Kunwar Jalees (dezembro de 2002); *Privatization of Water, Public-Private Partnerships: Do They Deliver to the Poor?*, do Fórum Norueguês para o Meio Ambiente e o Desenvolvimento (abril de 2006); *Privatization in Deep Water? Water Governance and Options for Development Cooperation*, de Annabelle Houdret e Miriam Shabafrouz, para o Institute for Development and Peace na University of Duisburg-Essen (2006); e *Privatizing Basic Utilities in Sub-Saharan Africa: The MDG Impact*, de Kate Bayliss e Terry McKinley, para o International Poverty Centre da UNDP (janeiro de 2007).

A Food and Water Watch, de Washington, também nos forneceu excelente material de pesquisa, incluindo *Will the World Bank Back Down? Water Privatization in a Climate of Global Protest* (abril de 2004); *Going Thirsty: The Inter-American Development Bank and the Politics of Water* (março de 2007); e *Challenging Corporate Investor Rule: How the World Bank's Investment Court, Free Trade Agreements and Bilateral Investment Treaties Have Unleashed a New Era of Corporate Power*, de Sara Grusky, da Food and Water Watch, e Sarah Anderson, do Institute for Policy Studies (abril de 2007).

### Capítulo 3: Os Caçadores de Água Entram no Jogo

As fontes deste capítulo sobre o crescimento dos novos setores na indústria global da água foram mais difíceis de encontrar porque, até hoje, grupos, institutos de pesquisa e universidades realizaram poucas pesquisas. As fontes incluem sites e relatórios de empresas, bem como a Lista da Fortune 500 e também as reportagens que são citadas no próprio capítulo. Foram úteis os sites, periódicos e relatórios anuais de grupos setoriais, como *International Journal of Nuclear Desalination*, *Environmental Business International* e *Water Industry News*. Pesquisei o mercado de ações para descobrir quão extenso o negócio da água se tornou — território desconhecido para mim.

A Global Water Intelligence (GWI) é um boletim informativo eletrônico mensal que fornece informações atualizadas sobre a indústria da água e foi uma fonte inestimável para este capítulo. É muito caro assinar esse boletim, e tive de depender de amigos para ter acesso a ele. A GWI também publica relatórios sobre assuntos importantes, que são usados aqui. Incluem: *Water Reuse Markets, 2005-2015, Desalination Markets 2007* e *Desalination in China 2007*. Outra fonte da indústria é o Masons Water Yearbook, publicado a cada dois anos pelo escritório de advocacia de Pinsent Mason, especializado em infra-estrutura de água internacional comercial e com sede no Reino Unido, e considerado a bíblia da indústria da água.

O autor e ambientalista australiano John Archer foi muito útil com sua crítica à tecnologia da água em seu livro de 2005: *Twenty-Thirst Century. The Future of Water in Australia*. Diversas organizações estão realizando pesquisas e campanhas sobre a água engarrafada. Incluem: Instituto de Políticas para a Terra; Responsabilidade Corporativa Internacional; War on Want; Campanha para Parar a Coca Assassina; Instituto Polaris e India Resource Centre. Organizações com uma análise crítica da nanotecnologia incluem o Amigos da Terra Internacional; o grupo ETC; o Greenpeace; o International Center for Technology Assessment; a British Royal Society e o Conselho de Defesa dos Recursos Naturais.

## Capítulo 4: Os Guerreiros da Água Contra-atacam

Para este capítulo sobre o movimento global pela justiça da água, minhas principais fontes são os membros do movimento em si e minhas ligações pessoais com eles e com suas lutas. Tive o privilégio de viajar à maioria dos países e comunidades descritos aqui e, portanto, consegui ir diretamente aos próprios atores para verificar fatos e obter histórias. Tive sorte de obter ótimos recursos com Anil Naidoo, do Projeto Planeta Azul, e com Sara Grusky e Maj Fiil Flynn, do Food and Water Watch, que se mantêm atualizados com todas as campanhas, tanto pessoalmente quanto com dados abrangentes obtidos na web. De modo semelhante, a Public Services International mantém registro das lutas individuais contra a privatização em todo o mundo, e seu site foi muito útil.

Vários livros foram excelentes recursos para este capítulo, entre eles: *Água Para Todos*, de Dieter Wartchow, ex-dirigente da Corsan, empresa de água pública de Porto Alegre, Brasil (2003); *Cochabamba! Water War in Bolivia*, de Oscar Olivera (2004); e *Reclaiming Public Water*, do Corporate Europe Observatory e do Transnational Institute (2005). O site do Centro de Democracia, de Jim Shultz, também foi de grande ajuda na obtenção de informações sobre a situação da Bolívia. Seu relatório de abril de 2005, *Deadly Consequences: The International Monetary Fund and Bolivia's "Black February"*, fornece o contexto histórico para a vitória final no país.

Outros relatórios úteis foram: *Untapped Connections: Gender, Water and Poverty*, da WEDO, Women's Environment and Development Organization (2003); *Ganga: Common Heritage or Corporate Commodity?*, de Vandana Shiva e Kunwar Jalees (2003); *Water Justice for All: Global and Local Resistance to the Control and Commodification of Water*, do Amigos da Terra Internacional (janeiro de 2003); *Water for the People*, de IBON, nas Filipinas (novembro de 2004); *Taking Stock of Water Privatization in the Philippines: The Case of the Metropolitan Waterworks and Sewage System*, da Freedom from Debt Coalition e Jubilee South do Pacífico Asiático (dezembro de 2004); *Commercialization and Privatization of the Indonesian Water Resources*, do Indonesian Forum on Globalization (2004); *Drinking Water Crisis in Pakistan and the Issue of Bottled Water: The Case of Nestlé's "Pure Life"*, da Coalizão Suíça de Organizações de Desenvolvimento (abril de 2005); *Faulty Pipes: Why Public Funding - Not Privatization - Is the Answer for U.S. Water Systems*, da Food and Water Watch (junho de 2006); e *Where Does It Start? Where Will It End? Las Vegas and the Groundwater Development Project*, da PLAN, Progressive Leadership Alliance of Nevada (janeiro de 2007).

## Capítulo 5: **O Futuro da Água**

Existem muitas fontes importantes para este capítulo sobre a necessidade de um pacto da água e o direito à água. Sobre a água como questão de segurança nacional nos Estados Unidos, dois relatórios foram especificamente úteis: *Terrorism and Security Issues Facing the Water Infrastructure Sector*, de Claudia Copeland e Betsy Cody, do Congressional Research Service (janeiro de 2005) e *Global Water Futures: Addressing Our Global Water Future*, do Center for Strategic and International Studies e do Sandia Laboratories (setembro de 2005).

Sobre a questão da conservação da água e da proteção de bacias hidrográficas, o trabalho de Sandra Postel e Peter Gleick e seus respectivos institutos é inestimável. David Schindler, da University of Alberta, fez uma pesquisa inovadora sobre a proteção da água doce, e Rajendra Singh e sua organização, Tarun Bharat Sangh, ensinou aldeões de Rajasthan a assumirem o controle de seus recursos hídricos e captarem água da chuva para uma agricultura sustentável. *Who Owns the Water?*, uma antologia de 2007 editada por Klaus Lanz, Christian Rentsch, Réne Schwarzenbach e Lars Muller, é uma boa fonte de idéias. O capítulo intitulado "Water: A Shared Responsibility", no best-seller de Bill McKibben de 1990, *The End of Nature*, apresenta um detalhado plano de ação para conservar e proteger as fontes de água. Michal Kravçik escreveu muito sobre suas preocupações acerca do ciclo hidrológico e como protegê-lo. Ele apresenta um plano em *Blue Alternative: Water for the Third Millennium* (2002).

Sobre alternativas públicas ao controle privado da água, a Public Services International novamente foi uma fonte muito valiosa. E também os seguintes relatórios: *In the Public Interest: Health, Education, and Water and Sanitation for All*, da Oxfam International e da WaterAid (2006); *Public Water for All: The Role of Public-Public Partnerships*, do Transnational Institute e do Corporate Europe Observatory (março de 2006); *Going Public: Southern Solutions to the Global Water Crisis*, do Movimento pelo Desenvolvimento Mundial (março de 2007); e *Down the Drain: How Aid for Water Sector Reform Could be Better Spent*, da FIVAS e do Movimento pelo Desenvolvimento Mundial (novembro de 2006).

Há uma abundância de materiais interessantes sobre o direito à água e um pacto da ONU. Ashfaq Khalfan, do Programa de Direito à Água no Centro da ONU pelo Direito à Moradia contra Despejos (COHRE), tem escrito muito sobre o assunto. Em março de 2004, ele escreveu *Legal Resources for the Right to Water: International and National Standards*. Rosmarie Bar, da Coalizão Suíça de Organizações de Desenvolvimento, também escreve sobre o assunto, como na publicação *Why We Need an International Water Convention*, de janeiro de 2004. A Pão para o Mundo e a Fundação Heinrich Büll se associaram ao COHRE em um Artigo sobre Questões Globais de março de 2005, intitulado *Monitoring Implementation of the Right to Water: A Framework for Developing Indicators*. John Scanlon, Angela Cassar e Noemi Nemes, da União Mundial para a Conservação, escreveram *Water as a Human Right?*, sobre as ramificações legais de um instrumento da ONU. Henri Smets, do European Council on Environmental Law e da French Academy of Water, compilou um catálogo de todas as legislações nacionais atuais em seu relatório de 2006, *The Right to Water in National Legislatures*. Rodrigo Gutiérrez Rivas, do Legal Resource Institute da University of Mexico, escreveu um artigo em março de 2007 intitulado *Privatization and the Right to Water: A View from the South*.

Como sempre, Steven Shrybman foi uma excelente fonte. Ele escreveu *A Critical Review of the "Green Cross" Proposal for a Global Framework Convention on the Right to Water* em 2005 e um documento para o Conselho de Canadenses, em 2007, para submeter ao Alto Comissariado de Direitos Humanos, encontrado no site do conselho: www.canadians.org. Dois novos filmes importantes sobre a crise global da água contam esta história, e eu os recomendo enfaticamente: *For the Love of Water*, dirigido por Irena Salina e produzido por Steven Starr (lançado em outono de 2007) e *Blue Gold*, dirigido por Samuel Bozzo (2008).

# Índice Remissivo

Abbey, Edward, 163
Accra, 124
Acordo Geral sobre o Comércio de Serviços (GATS), 57, 137
Acordo Geral sobre Tarifas Aduaneiras e Comércio (GATT), 56
Acosta, Erasmo Rodriguez, 156
ACWA, 84
Adam, Al-Hassan, 138
Adelaide, 121
Advanced H20, 94
Afeganistão,150
África do Sul, 23, 60, 65, 91, 123, 125, 133, 139, 149, 177
África, 17, 18, 19, 23, 29,58, 63,123
   fornecimento privado de água, 52, 60, 61, 133
Agbar, 73
Agência de Proteção Ambiental (EPA), 18, 76, 98, 153, 181
Agência Internacional de Energia Atômica, 85
Agência Multilateral de Garantia ao Investimento (MIGA), 52
Águas Argentinas, 113
Águas de Barcelona, 115
Air2Water, 88
Alaska Water Exports, 90
Albânia, 76
Alberta, 28
Alemanha, 50, 59, 71, 73, 129
Algéria, 84, 85
Aliança Internacional de Captação da Água da Chuva, 163
Alpes Suíços, 28

AMECE, 129
Amenga-Etego, Rudolph, 133
América do Sul, 17-18, 156, 179
América Latina, 22, 23, 29, 48, 60, 67, 111-17
American States Water, 98
American Water Works Association, 104
American Water, 75, 84, 100, 127
Amigos da Europa, 158
Amigos da Terra, 106, 129, 141, 161, 171, 177, 184-85
Amigos do Lago Naivasha, 140
Anglian Water, 73
Angola, 23, 151
Annan, Kofi, 55
Apoya, Patrick, 133
Aqua America, 98
Aqua Genesis, 85
Aqua International Partners, 98
Aqua Sciences, 88
AquaFed, 62
AquaMundo, 73
Aquapod, 94
Aquarion-New York, 75
Aqüífero Guarani, 156-57
Aqüífero Ogallala, 25
Arábia Saudita, 29, 39, 76, 79, 84, 101, 102
   dessalinização, 84
Archer, John, 39, 40
Ardhianie, Nila, 120
Argentina, 113, 156
Argonide, 87
Arizona, 18, 90

Índice 189

Ásia, 17, 20, 48, 50, 53, 102, 122-23
Asia-Pacific Movement on Debt and
Development, 118
Asia-Pacific Water Forum, 118
Associação de Usuários de Agua,
Saltillo, 115
Associação Internacional de
Desenvolvimento (AID), 52
Association for International Water
and Forest Studies (FIVAS), 59, 130
Atlanta (GA), 127
Atlantis, 98
Atmospheric Water Generators
(AWGS), 88
Atrazina, 22
Auden, W.H., 110
Austrália, 17-18, 25, 31, 30, 41-42, 47,
121-122
água de esgoto reciclada, 78, 122
dessalinização, 38, 397, 83
direitos de propriedade da água, 89
exportação de água, 28, 41
semeadura de nuvens, 88
Australian Nuclear Science and
Technology Organization, 32
Áustria, 37, 59
AWG, 74
Azurix, 74
Bachelet, Michelle, 116
Baikal, Lago, 37
Balbach, John, 80
Banco Africano de Desenvolvimento,
50, 53
Banco de Desenvolvimento da Ásia
(ADB), 50, 53, 118, 121, 123
Banco Europeu de Reconstrução e
Desenvolvimento (BERD), 76
Banco Interamericano de
Desenvolvimento, 50, 53, 64,
113, 115

Banco Internacional para a
Reconstrução e o Desenvolvimento
(BIRD), 52
Banco Mundial, 13, 19, 29, 31, 35, 43,
44, 49, 50, 152
marcha de protesto contra (2000),
131-32
Poverty Reduction Strategy Papers
(PRSPs), 52
privatização das concessionárias de
água, 48-55, 58, 60, 61, 63, 67,
68, 69, 70, 71-63, 73-74, 76,
103, 111, 112, 115, 119, 120,
121, 122, 125, 126, 132, 182
Bangladesh, 21, 150
Bar, Rosmarie, 169, 186
Barrick Gold, 116
BASF, 88
Bayliss, Kate, 70
Bazán, Luis, 114
Beattie, Peter, 78, 122
Bechtel, 111, 117, 119
Befesa, 84
Bélgica, 22, 177
Benetton, Luciano, 149
Betz Dearborn, 81
Biblioteca do Congresso dos Estados
Unidos, 21
Bitterlich, Joachim, 158
Biwater, 73, 125
Black & Veatch, 82
Blair, Tony, 49, 150
Bling h$_2$0, 93
*Bloomberg News*, 96
Bloomberg World Water Index, 98
Blue Planet Run, 81
BMW, 65
Bolívia, 28, 111-12, 129, 136, 179
Bombai (Índia), 19, 21
Bond, Patrick, 133

190  Água, Pacto Azul

Boston Common Asset Management, 136
Botswana, 151
Boyes, David, 129
Brandweek, 94
Brasil, 30, 35, 91, 117, 137, 156
British Royal Society, 106
Brown, Lester, 152
Buenos Aires (Arg.), 113
Bush, George W., 30, 42, 76, 156, 164
*Business in the World of Water* (WBCSD), 58
BzzAgent, 94
Cadiz Corporation, 128
Cairo (Egito), 19
CalAm (California American), 84, 127
Calcutá (Índia), 19, 21
Calderon, Felipe, 115
California Water Impact Network (C-WIN), 128
Califórnia, 18, 30, 33, 39, 78, 87, 90, 128, 142
Callenbach, Ernest, 15
Câmara Internacional do Comércio, 58
Camdessus, Michel, 67, 135
Campanha para Parar a Coca Assassina, 143
Canadá, 22, 30, 38, 126
   empresas de mineração, 165
   exportação de água para os Estados Unidos, 37-8
   padrões de qualidade da água, 37
   privatização da água, 125
Canadian Friends of the Right to Water, 179
Caribe, 22
Cassar, Angela, 172
Cazaquistão, 85
Center for Advanced Water Technologies, 85
Centro de Integridade Pública, 75

Centro Internacional de Resolução de Disputas sobre Investimentos (ICSID), 52, 113
Chad, Lago, 23, 38
Challenging Corporate Investor Rule, 52
Chaussade, Jean-Louis, 135
Chile Sustentável, 117
Chile, 115-16, 149
China Daily, 20
China Water Company, 77
China, 17, 37, 44, 152
   água engarrafada, 92, 109
   dessalinização, 85
   empresas privadas de água, 75, 87
   irrigação por enchente, 44
   Ministério de Recursos Hídricos, 79
   poluição, 164
   refugiados da água, 152
   segurança da água, 157-58
   semeadura de nuvens, 89, 148
Chinese Academy of Sciences, 27
Christian Aid, 33
Cidadãos de Michigan pela Conservação da Água, 142
Cidade do México, 19, 22, 36, 62, 68, 138
Cingapura, 39, 82
Citizens Against Drinking Sewage (CAOS), 122
Clark, Steve, 82
Cleantech Group, 80
CNA Corporation, 154
Coalizão Contra a Privatização da Água, 178
Coalizão de Organizações Mexicanas pelo Direito à Água (COMDA), 115, 138, 178
Coalizão em Defesa da Água e da Vida, 111

## Índice 191

Coalizão Nacional Contra a Privatização da Água de Gana, 138
Coca-Cola, 65, 68, 79, 92, 108, 121, 137, 141-45, 155, 169
Colômbia, 117, 132, 143, 178
Colúmbia Britânica, 126
COMDA. *Ver* Coalizão de Organizações Mexicanas pelo Direito à Água
Comissão Européia, 21, 26, 37, 42, 76, 129, 158
Comissão Mundial da Água para o Século XXI, 64
Comissão Nacional em Defesa da Água e da Vida, 177
Comissão Popular pela Recuperação da Água em Córdoba, 114
Comitê Internacional pelo Contrato Mundial da Água, 129
Commercialising Nanotechnology in Water, 87
CONAGUA, 115
Congo, 33
Congresso de Água da China (2007), 159
Conselho de Canadenses, 126, 132, 173
Conselho de Defesa dos Recursos Naturais, 107, 184
Conselho Empresarial Mundial para o Desenvolvimento Sustentável (WBCSD), 57, 58
Conselho Mundial da Água (WWC), 61-65, 68, 118, 131, 134, 135, 144, 171, 174-75
Consenso de Washington, 48, 49, 119
Consolidated Water, 84
Constance, Lago, 161
Coordinadora de Defensa del Agua y de la Vida, 111
Córdoba (Arg.), 113-14
Coréia do Sul, 122

Corporação Financeira Internacional (CFI), 71
Corporate Europe Observatory (CEO), 62, 66, 129
Corrigan, Eugene, 91
Cott Beverages, 94
Coulomb, René, 61
Coy, Debra G., 79
Credit Suisse, 96
*Crimes Against Nature*, 42
Croácia, 76
Crockett, Christopher, 104
Cúpula da Terra no Rio (1992), 57
Cúpula Mundial sobre Desenvolvimento Sustentável (2002), 58, 65, 133
Danaher Corporation, 80
Danone, 92, 96, 141, 148
Darfur, 149-50
Davidge, Ric, 90, 128
Davignon, Visconde Etienne, 158
De Beers, 65
De Hont, Raymond, 97
Degremont, 80, 115, 119
Desalination Economic Evaluation Program (DEEP), 85
Deserto do Saara: aqüífero sob, 36
Deutsch, Claudia H., 78
Dia Internacional da Água (2007), 129, 144
Dickerson, John, 95
Domico, Kimy Pernia, 132-3
Donald, Jim Donald, 144
Dow Chemical, 81, 88, 145
Dow Jones U.S. Water Index, 97
Dow Water Solutions, 81
Down the Drain, 83, 86
Dray, Deane, 95
Dubai, 79
Eau Secours, 126

192   Água, Pacto Azul

Ebbo, 46
Ecofondo, 178
Egito, 25, 151
Egziabher, Tewolde, 133
eMembrane, 87
Emirados Árabes Unidos, 102
Enron, 74
Environmental Business International, 81
Equador, 28, 117, 177
Espanha, 22, 73, 76, 84, 129, 152
Esquivel, Adolfo, 156
Estados Unidos, 17-18, 21, 22, 25, 26,
    30, 32, 38, 42, 176
  água e segurança nacional, 153
  água engarrafada, 91, 142
  ajuda a países estrangeiros, 164
  Banco Mundial, 50
  Clean Water Act, 42
  dessalinização, 81, 85, 86
  direito de propriedade da água,
    90-91
  escassez de água, 16-17, 142, 146
  infra-estrutura de água, 76
  pesquisas em nanotecnologia, 88
  privatização das concessionárias de
    água, 74, 75, 127-28
  semeadura de nuvens, 88
Estônia, 76
Ethos Water, 144
Etiópia, 30, 35, 133, 151, 177
Europa, 21, 22, 26, 29, 30, 37
  privatização das concessionárias de
    água, 76, 128
  segurança da água, 157
European Oil and Gas Innovative
    Forum (EUROGIF), 158
European Policy Summit on Water, 158
European Water Network, 37
European Water Partnership (EWP),
    157-58

Evian, 91, 92
Fauchon, Loïc, 61,174
Fearnside, Philip, 35
*Feeling the Heat*, 34
FEJUVE, 112
Felton (CA), 127
FENTAP, 136
Fiji Water, 93
Filipinas, 120-21, 135-36, 141
Filmtec, 88
*Financing Water for All*, 61, 67, 135
FIVAS. *Ver* Association for International
    Water and Forest Studies
Flores, Beatriz, 149
Flórida, 18
Flow Inc., 91, 101-02, 127
Food and Water Watch, 52, 69, 100,
    113, 116-17, 127, 179
Fórum Alternativo Mundial da Água
    (2004), 137
Fórum Econômico Mundial, 137
Fórum Internacional de Globalização,
    131, 133, 163, 164
Fórum Internacional em Defesa da
    Água, 138
Fórum Mundial da Água
  Quarto (2006), 68, 138, 144, 174
  Segundo (2000), 64, 130, 174
  Terceiro (2003), 67, 134, 174
Fórum Mundial da Água para Crianças
    (2007), 144
Fórum Norueguês para o Meio
    Ambiente e o Desenvolvimento, 71
Fórum Social Mundial, 136
  Primeiro (2001), 137
  Sétimo (2007), 138-9
Fox, Vicente, 114-15
França, 22, 42, 47, 50, 59, 73, 76, 91,
    129, 152
France Libertés, 129

Frederick, Franklin, 141
Free Water, 88
Freedom from Debt Coalition, 118
Freshwater Action Network (FAN), 63
Friends of the Right to Water,
    172, 173
Fundação Bill & Melinda Gates, 60
Fundo Monetário Internacional, 29,
    49,50
Fundo Mundial para a Natureza
    (WWF), 28, 35, 40, 41, 63, 145, 182
Gabão, 124
Gadhafi, Mu'ammar, 36
Gana, 124
General Electric (GE), 81, 83
    Medical Systems, 81
    Water Technologies, 81-82, 88, 97
Gleick, Peter, 40
Global Environment Emerging
    Markets Fund, 98
Global Environment Facility, 156, 157
Global Environment Fund, 98
Global Water Challenge (GWC), 145
Global Water Futures (GWF), 155-57
*Global Water Intelligence*, 74, 78, 83, 85,
    91, 96, 105, 184
Going Public, 167
Goldman, Michael, 53-54, 72
Golfo do México, 22
Gorbachev, Mikhail, 63, 175
Grã-Bretanha, 34, 59
Grandes Lagos, 107, 126, 142, 151
Gravity Recovery and Climate
    Experiment (GRACE), 33
Great Man-Made River Project, 36
Grécia, 22
Green Cross International, 63, 175
Greenpeace, 106
Grito das Águas, 156
Groupe des Eaux de Marseille, 61

Groupe Neptune, 93
Grumbles, Benjamin, 76
Grupo Modelo, 68
Grusky, Sara, 69
Guayaquil Interagua, 117
Guayaquil, 117
Guiana, 124
Halifax (NS), 126
Hall, David, 62, 69, 76, 129, 166,
    182-83
Hart, Denise, 142
Hauter, Wenonah, 127
*Have You Bottled It?*, 108
Heinrich Büll Foundation, 129
Hendrx Corp., 88
Hoedeman, Olivier, 62, 129
Hoffman, Allan R., 154
Holanda, 19, 178
Holland, Ann-Christin, 49
Houghton, Sir John, 34
Howard, John, 41
*Human Tide*, 21
Hungria, 76
Hutchinson, Kay Bailey, 85
Hyflux, 82, 88
IDE, 84
Iêmen, 152
Iglesias, Enrique V., 64
Ilhas Salomão, 18
India Resource Center, 142
Índia, 18, 21, 26-27, 29, 33, 150, 163
    água engarrafada, 118
    água para a indústria, 44
    dessalinização, 85, 91
    desvio de águas, 37
    privatização das concessionárias de
        água, 51, 118-20
    recursos hidrícos, 17, 38, 42
Indonésia, 85, 120, 141, 148, 167
Indonesian Forum on Globalization, 120

194    Água, Pacto Azul

Inglaterra, 22, 76
Iniciativa Nacional em Nano-
  tecnologia, 87
Inima, 84
Institute for Development and
  Peace, 71
Instituto de Agricultura e Política
  Comercial, 127
Instituto de Análise da Segurança
  Global, 154
Instituto do Banco Mundial, 53
International Center for Technology
  Assessment, 106
International Desalination Association,
  38, 39
International Journal of Nuclear
  Desalination, 85
International Poverty Centre, 70
International Rivers Network (IRN), 34
International Securities Exchange,
  B&S Water Index, 98
International Water Association, 61
International Water Management
  Institute, 23
Investing in Water, 105
Investopedia, 97
Ionics, 81
Irã, 35, 152
Iraque, 88, 155
Irlanda, 128
Isdell, E. Neville, 145
Israel, 29, 36, 39, 83-84, 86, 101, 151
  dessalinização, 83, 85
  pesquisas de nanotecnologia, 88
Itália, 22, 59, 91, 128, 152, 179
Itron, 97
ITT, 80, 81, 83, 97, 154, 159
Jaffe, Matthew P., 107
Jakarta, 19, 21, 120
Japão, 27, 29, 85, 134, 135

Jars of Clay, 145
Johannesburgo (África do Sul), 133
Jones, Laurie, 122
Jordânia, 151
Jubilee South Africa, 124
Jubilee South, 118, 120, 164
Karachi (Paquistão), 19
Kathmandu (Nepal), 123, 149
Kelda Group, 73
Kemble Water Limited, 74
Kennedy, Robert F, Jr., 42
Khalfan, Ashfaq, 172, 177
Kids Only LLC, 94
King Island Cloud Juice, 93
King, Martin Luther, Jr., 162
Klare, Michael, 150
KLD, 143
Klont, Rocus, 108
Koyo, 93
Kravçik, Michal, 31, 32, 161, 163
Krieger, Carolee, 128
KX Industries, 87
La Paz (Bolívia), 112
Lagos (Nigéria), 19
Lamy, Pascal, 158
Lanz, Klaus, 162
Laos, 35
Laredo (TX), 127
Larrain, Sara, 116
Las Vegas (NV), 38, 85, 102, 128
Lehman Brothers, 95
Levy, Marc, 150
Lexington (KY), 127
Líbia, 36, 83
Livingstone, Ken, 84
Lobina, Emanuele, 69, 166
Londres (Inglaterra), 84
Los Angeles (CA), 102
Luanda, 23
Lula da Silva, Luiz Inácio, 30

Lux Research, 86
Macquarie Equities, 96
Madras, 21
Maine, 137-42
Malásia, 122, 149
Mali, 124
Mamani, Abel, 138
Mancuso, Salvatore, 132
Mandela, Nelson, 123, 177
Manila (Filipinas), 19, 118
Mar de Aral, 38
Mar Morto, 24, 36
Mar Vermelho, 36
Mark, Rebecca, 74
Marquisio, Adriana, 177
*Masons Water Yearbook*, 74, 76, 79
Maud'huy, Charles-Louis de, 67
Maynilad Water Services, 121
Mazahuas, 36, 148
Mbeki, Thabo, 133, 134
McAloon, Liz, 122
McCully, Patrick, 35
McKinley, Terry, 70
McWhinney, Jim, 97
Mecanismo de Aconselhamento em
    Infra-Estrutura Público-Privado
    (PPIAF), 58, 59, 130
Media General Water Utilities
    Index, 97
Mekerot, 82
Mesa Water, 90
Mestrallet, Gérard, 86
Metito, 84
Mexican Center for Social Analysis,
    Information and Training
    (CASIFOP), 115
México, 114
    água engarrafada, 114
    privatização da água, 115, 116, 117
    refugiados da água, 152

Michigan, 142
Middleton, Tim, 97
Minyip, 147
Mitterrand, Danielle, 129
Mokolo, Richard (Bricks), 133
MoneyWeek, 96
Monod, Jerome, 64
Montana, 148
Montevidéo, 136
Montreal (Quebec), 126
Morales, Evo, 112, 113, 178, 179
Morley, Rosemary, 122
Moss, Jack, 62
Movimento de Cidadania pelas
    Águas, 141
Movimento pelo Desenvolvimento
    Mundial, 51, 53, 59, 69, 129, 130,
    166, 167, 182, 186
MSCI World Water Index, 98
MSN Money, 97
Müller, Lars, 162
Munoz, Roberto, 114
Myers, Norman, 33
Nações Unidas, 43, 49, 55, 59
    Comentário Geral Número 15, 172
    Conselho de Direitos Humanos, 172
    Instituto de Pesquisas para o
        Desenvolvimento Social, 71
    Objetivos de Desenvolvimento do
        Milênio (MDGS), 19, 52, 56, 66
    Pacto Global, 55, 140
    pacto pelo direito à água, 169-71,
        174-75, 177, 179
    privatização das concessionárias de
        água, 55, 60, 61
    Programa Ambiental, 23
NAFTA. *Ver* Tratado Norte-Americano
    de Livre Comércio
Naidoo, Anil, 173
Nairobi (Quênia), 148

196 Água, Pacto Azul

Naivasha, Lago, 29, 139-40
Nalco, 78, 80, 81, 83
Namíbia, 101, 124, 151
NanoH$_2$0, 87
NanoSystems Institute, 87
Nanotechnology Task Force, U.S. Food and Drug Administration, 107
Narmada Bachao Andolan, 120
National Academy of Sciences, 18
National Association of Water Companies, 75
National Research Center for Environmental Toxicology, 104
Navdanya, 119
Nemes, Noemi, 172
Nepal, 123, 130, 149, 150, 178
Nestlé, 91-92, 94, 140, 141, 142, 144, 145, 169
Nevada, 37, 38, 90, 128, 148
New Hampshire, 143
New Scientist, 26
NEWater, 83, 122
Newcomb, Ronald, 85
Newfoundland, 126
Ngwane, Trevor, 133
Nicarágua, 111, 117
Nigéria, 32, 60, 124, 152
Nordic Water Supply, 90
Noruega, 130
Nova Déli, 21
Nova Déli, 21, 119, 137
Nova Orleans (LA), 127
Novo México, 18, 163
NYK, 90
O'Brien, Joe, 89
Olivera, Oscar, 131, 185
Olson, Jim, 169
OMC. *Ver* Organização Mundial do Comércio

OMI, 127
Oppenheimer, Steven, 104
Organização Feminina para o Meio Ambiente e o Desenvolvimento (WEDO), 165
Organização Mundial da Saúde (OMS), 17, 20
Organização Mundial do Comércio (OMC), 13, 43, 44, 56, 101, 130, 158, 171, 175
Oriente Médio, 17, 25, 37, 76, 83, 84, 91, 154, 161
Ortiz, Maria Selva, 177
Osmonics, 81
Our World Is Not for Sale, 130
Pacific Institute, 39, 40
Pacific Northwest National Laboratory, 87
Pacto azul, 160
conservação da água, 161
democracia da água, 166
justiça da água, 164
PADCO, 60
País de Gales, 76
Palestina, 151
Palisades Water Index, 97
Pall Corporation, 83
Pão para o Mundo, 129, 186
Paquistão, 20, 25, 28, 85, 101, 140, 152
Paraguai, 117
Parceria Mundial pela Água, 60, 61
Partners in Africa for Water and Sanitation, 60
Patkar, Medha, 120, 141
Payen, Gerard, 56, 62, 67
Pearce, Fred, 25
Pedersen, Joel, 104
Pentair, 97
People's Right to Water and Power, 114

PepsiCo, 92, 120, 141
Pequim, 19, 27, 37
Perrier, 91
Peru, 22, 28,117, 136
Peterson, Erik, 154
Petrella, Riccardo, 60, 129
Peugeot Citroën, 82
Pickens, T. Boone, 90
pico Holdings, 90
Pictet's Water Fund, 96
*Pillar of Sand*, 25
Pimentel, David, 30
*Pipe Dreams*, 69, 102
PL100 World Water Trust, 96
Plan B 2.0, 152
Polaris Institute, 143
Portugal, 22
Poseidon Resources, 84
Postel, Sandra, 25, 163
Powell, Lago, 18, 38
PowerShares Water Resources
    Portfolio, 97
Praetor Global Water Fund, 97
Prasad, Naren, 71
Price Waterhouse Coopers, 61
Proctor & Gamble, 145
Programa de Água e Saneamento
    (WSP), 58
Progressive Investor, 105
Progressive Leadership Alliance of
    Nevada (PLAN), 128
Projeto Colorado Big Thompson, 89
Projeto Planeta Azul, 130, 132,
    173, 179
Public Citizen, 52
Public Services International (PSI), 47,
    50, 60, 62, 69, 76, 129, 166, 182
Punjab, 26
Pure Life, 140
Qiu Baoxing, 159

Quênia, 29, 138, 139, 144, 148, 177
Quito (Equador), 117
Rand Water, 125
Reagan, Ronald, 48
Reclaiming Public Water, 138
Red VIDA, 135-36
Rede Africana da Água, 138
Rede Ambiental Indígena (IEN), 166
Rede Ecumênica de Água do Conselho
    Mundial de Igrejas, 129
Reid, John, 150
Reilly, William K., 98-99
Reino Unido, 50, 58, 59, 70, 96,
    108, 184
Remondis, 81
Rentsch, Christian, 162
Represa Tehri, 36, 119
Represa Urra, 132
República Tcheca, 76
Resource Wars, 150
Responsabilidade Corporativa
    Internacional (CAI), 143
Rethmann, 81
Revolução Verde, 25
Rice University, 87, 106
Right to Water, 172-73
Rio Amarelo, 25, 37
Rio Amazonas, 32
Rio Bow, 28
Rio Brahmaputra, 151
Rio Colorado, 26, 147
Rio Danúbio, 22
Rio Ebro, 129
Rio Eufrates, 151
Rio Ganges, 21, 28, 37, 119, 151
Rio Grande, 25, 152
Rio Indus, 25, 28
Rio Irtysh, 37
Rio Jordão, 21, 24, 151
Rio McCloud, 142

198 Água, Pacto Azul

Rio Mississippi, 22
Rio Missouri, 37
Rio Murray, 25
Rio Narmada, 120
Rio Nilo, 23, 151
Rio Okavango, 151
Rio Oxus, 25
Rio Pó, 22, 28
Rio Prata, 113
Rio Reno, 22, 28
Rio Ródano, 28
Rio Sarno, 22
Rio Sheonath, 119
Rio Yamuna, 21
Rio Yangtze, 28
Roe, William J., 78
Roels, Harry, 100
Rogers, Jim, 160
Rogers, Ray, 143
Romênia, 76
Rosemann, Nils, 141
Roulet, Claude, 158
Roy, Arundhati, 120
Rússia, 21, 37
RWE, 49, 73-75, 81, 84, 100, 127
S&P 1500 Water Utilities Index, 98
Sacher, Danuta, 172
*Sacramento Bee*, 30
Sandia National Laboratories, 155
Sandy Valley (NV), 128
SANEPAR, 98
Santuário Marinho Nacional da Baía de Monterey, 84
São Paulo (Brasil), 22
SAUR, 73, 1248
Save Our Groundwater (SOG), 142
Scanlon, John, 172
Schlumberger, 158
Schwarzenbach, Rene, 162
*Science News*, 32

Seidel, Andrew Do, 78
Seidler Capital, 95
Serageldin, Ismail, 64, 67
Sérvia, 76
Setshedi, Virginia, 133, 139
Severn Trent, 73, 123, 124, 130, 149
Shiva, Vandana, 120, 137
Shrybman, Steven, 175, 176
Siemens, 78, 82, 83
Singh, Rajendra, 137, 163
Síria, 151
SITA, 81
Sociedade Americana de Engenheiros Civis, 80
Sociedade Nuclear Americana, 85
Sociedade Nuclear Européia, 85
Société Générale, 967
Soliman, Mary, 104
Source Glacier Beverage Company, 93
Southern Nevada Water Authority, 37
South-North Water Transfer Project, 37
Sri Lanka, 123-26, 149
Srivastava, Amit, 142
Starbucks, 144
Stockton (CA), 127
Sudão, 36
Suécia, 59
Suez, 47, 49, 55, 56, 61-62, 64, 67, 73, 75, 77-79, 81, 82-84, 88
Banco Mundial, 101-02. *Ver* também Degremont; sita
campanha global contra, 136
na África, 123, 133
na Argentina, 113
na Bolívia, 111
na China, 77, 82
na região do Pacífico Asiático, 122, 137
no Canadá, 126

no México, 114, 138
no Uruguai, 178
nos Estados Unidos, 127
Suffet, Mel, 104
Summit Water Equity Fund, 95, 99
Superior, Lago, 18
Sustain, 108
Sustainable Asset Management
(SAM), 96
Sweetwater Alliance, 142
Sydney (Austrália), 39, 41-41, 83,
122, 147
Tailândia, 29
Tanzânia, 125
Tarun Bharat Sangh, 137
Tashi Tsering, 160
Tearfund, 34
Terrapin's Water Fund, 97
Texas, 85, 87
Thames Water, 49, 73, 74, 77, 84,
120, 121
Thatcher, Margaret, 48, 49
The Atlas of African Lakes, 23
*The World's Water, 2006-07*, 40
Tibete, 160
Timian-Palmer, Dorothy, 90
Titicaca, Lago, 112
Toronto (ON), 126
Transnational Institute, 185
Tratado Norte-Americano de Livre
Comércio (NAFTA), 111, 126, 152
Trump, Donald, 93
Tujan, Tony, 135
Turnbull, Malcolm, 38
Turner, Ted, 149
Turquia, 35, 151
*Twenty-Thirst Century*, 39
U.S. Agency for International
Development (USAID), 60
U.S. Filter, 74, 78, 80, 82

U.S. Geological Survey, 18
U.S. National Center for
Atmospheric Research (NCAR), 32
U.S. Overseas Private Investment
Company, 99
U.S.A. Springs, 143
UCLA, 87
Uganda, 30, 60
UNESCO, 56
União Européia UE, 42, 43, 62, 66,
71, 128
União Mundial para a Conservação,
170, 172
United Water, 62, 75, 121, 127
Upper Ganga, 37, 119
Uruguai, 113, 136, 156, 177, 178
Utah, 38, 148
Vancouver (BC), 126
Varghese, Shiney, 127
Veerendrakumar, M. P., 142
Venezuela, 111
Veolia, 47, 49, 55-56, 61-62, 73-74, 77,
78, 81-83, 88, 96, 102, 119, 121, 124
Banco Mundial, 102
Vermeer, Dan, 145
Vermont Natural Resources
Council, 143
Vermont, 143
Victoria, Lago, 23
Vidler Water Company, 90
Vietnã, 26, 29, 35, 122
Vigilância Interamericana em Defesa
da Água, 136
Villarreal, Alberto, 177
Vitens, 124
Vittel Grande Source, 91
Vivendi Environment, 74
WALHI, 141
Water Allies, 127
*Water as a Human Right?*, 172

*Water as a Public Service*, 166
*Water Business, The*, 49
Water Education for Teachers
  (WET), 144
Water Enterprise Bond, 76
Water for People and Nature
  (2001), 132
Water for People Network, 121
*Water for the Poor* (WBCSD), 58
Water Industry News, 188
Water Initiative, 66
Water Partnership Council, 62
Water Research, 104
*Water Reuse Markets 2005-2015*, 105
Water Supply and Sanitation
  Technology Platform, 158
Water Technology Research Center, 87
Water Utility Partnership, 60
Water Warriors, 127
Water Watch, 126
WaterAid, 63, 71
WaterBank of America, 97
WaterBank, 89
WaterColorado.com, 89
Waterfront, 105

Watermark Australia, 122
Watts Water Technologies, 97
Wen, Dale, 164
Whistler (BC), 126
*Who Owns the Water?*, 162
Wiesner, Mark, 106
Wilk, Richard, 92
Wolfensohn, James, 119
World Water Assembly for Elected
  Representatives and Citizens, 129
*World Water Development Report
  2006*, 72
World Water Index (WOWAX), 96-98
World Water SA, 90
World Water Vision, 64
World Water, 101
WorldWatch Institute, 16
Wyoming, 148
Yami, Hisila, 123
Yanshan Petrochemical, 82
Yao Tandong, 28
Yogev, Ori, 105
Zapatista Army of Mazahua Women in
  Defense of Water, 148
Zenon Environmental Inc., 81